超实用！

小庭院景观设计

王立方 编

U0291552

江苏凤凰科学技术出版社

南 京

前　言

小庭院，趣生活

《超实用！小庭院景观设计》是一本入门级的小庭院设计实用参考书。

本书分为两个章节。第一章为小庭院的设计基础，分别从空间布局、地面铺装、植物选配和草坪打造四个方面来详细解说打造小庭院的知识，为初学者提供能轻松理解并掌握的技巧。其中，植物选配一节还特别介绍了48种适合各种小庭院种植的植物，包括常见的乔木、灌木、藤本植物和宿根花草，如鸡爪槭、红花檵木、绣球花、玉簪、蔷薇、铁线莲、大花葱、花叶菖蒲等，这些植物均易于种植和养护。

第二章是小庭院设计实例，收录了17个优秀的小庭院案例，浓缩了当下国内小庭院设计的精华。庭院分三大类型：现代简约、禅意风和自然风。这几种类型也是深受年轻人喜欢和目前比较流行的庭院设计风格，相信会为读者快速上手提供丰富的灵感。

美国作家罗伯特·波格·哈里森（Robert Pogue Harrison）曾在他的《花园：谈人之为人》一书中谈到花园的三种乐趣：种植的乐趣、设计的乐趣，以及分享的乐趣。请将《超实用！小庭院景观设计》作为你从零开始的庭院设计入门书，不断丰富你的园艺知识和经验，打造出属于自己的乐趣庭院。

编者

目　录

第 1 章

小庭院的设计基础

空间布局

庭院面积小有时也是优点，既方便打理，也能增进家人之间的沟通和交流，只要设计合理、布局得当，照样可以打造出非常好的景观效果。小庭院的布局规划主要体现在功能分区、路径设置、立面布局、水景打造、家具选择和植物配置等方面。

利用地势的高差变化可以延伸小庭院的视觉观感

1. 做好功能分区

小庭院的分区受面积的影响，不像大面积的院子那么独立，但可以采取软性分隔的方式进行功能分区。通过设计多个景观场景，如水景区、休闲区、植物组团等，让小庭院显得更加饱满。

例如，用矮墙划分出休闲区，既确保隔挡的效果，又不显得突兀，用红砖垒起矮墙，再以石材压顶，其上可以放置盆栽或者仅作为坐凳；或者以树池作为分隔，树池里的植物要干净清爽，再用鹅卵石对泥土进行覆盖；还可以用植物进行隔离，植物宜选择矮小的灌木。

树池起到了很好的分隔效果，自成一景

矮墙是小庭院不错的分隔方式

通过创造高差和地面铺装来划分草坪种植区和平台休闲区，这种软性的空间分隔方式非常适合面积较小的庭院

造型简约的白色隔断墙巧妙划分了入户区和种植区，也丰富了花园的立面层次

70平方米的小庭院，禅意入户区、小型水景区、廊架休闲区布局紧凑

2. 设置曲折的路径

采用曲折的路径设计是小庭院常用的铺装策略，曲折的园路能延长观者的通行距离，无形中放大了人们的视觉观感。曲折的路径不仅有弯曲的 S 形路径，也有各种"之"字形路径，还可以让笔直的路径转几个 90° 的弯，起到"曲径通幽处，禅房花木深"的效果。

路径的铺装也大有讲究，通常采用两种及以上的材料进行组合，以丰富铺装的层次感。例如，将砾石与鹅卵石、石板搭配在一起，或者将碎石与草坪进行搭配，不管是质感还是色彩都会带给人视觉上的变化。后文（第 13 页）将详细讲解地面铺装，此处不再赘述。

曲折的路径被高大的树木遮挡，仿佛没有尽头

砾石路和绿植、花草相结合，增加空间体验的趣味性

弯曲的园路是小庭院中常用的铺装策略

水洗石园路中镶嵌圆形石材，并以铜条收边，如同向外延伸的水波，无形中放大空间感

沙发背后就是一面漂亮的植物墙

3. 善于立体布局

在有限的空间内，利用墙面、围栏等做好立体布局，会让小庭院看起来更大。实体围墙上可以直接安装置物板放置盆栽植物，围栏上可用绳子、挂钩悬挂盆栽。盆栽植物宜选择轻质土壤，悬挂的盆栽不宜太大。南向的可选用比较抗旱的植物，如微型月季、天竺葵、矮牵牛等；北向的选择较耐阴的植物，如吊兰、绿萝、观赏石斛等。

攀爬植物更是不能少，一面爬藤月季、凌霄或蔷薇花墙，可以让小庭院充满花香和鲜艳的色彩。

木廊架上可养攀爬植物，在绿植的映衬下庭院别有风情

以白色镂空木板做立面处理，打造文艺背景墙

4. 合理设计小水景

"有山皆是园，无水不成景"，小庭院不宜设置大型水景，但是一个恰到好处的小水景却必不可少。或大或小，或深或浅，潺潺的水声不仅能给小庭院带来灵气和活力，也增添了花园的趣味性。如果有可能，还可以在水池里养几条游鱼，以修身养性。

水池面积要小，设计长条形的水池既能达到独特的观赏效果，还能丰富立面层次。如果打造日式景观，简单的竹水管、水勺以及粗糙的石材水缸，就能营造出古朴、禅意的氛围。或者利用景观石、瓶瓶罐罐简易设计一个微型涌泉，总之，庭院不在大，"有水则灵"。

只有 5 平方米的水景区，错落的跌水形成三道小瀑布

日式水景不会占用太多空间

三岳流水小品，水由下往上汩汩流动，还能形成水幕

小庭院中的水景设计比较容易出彩，L 形出水口下方置有鹅卵石

5. 使用小尺度户外家具

　　庭院面积较小时，建议使用小尺度户外家具。小尺度家具几乎不占据视觉面积，还能有效节省空间，算得上是非常讨巧的设计手法。苏州网师园中的"引静桥"小巧玲珑，比正常尺度小一些，反而能把整个园子衬托得更大。遵循"以小衬大"的原则，选择体量较小、方便移动的户外家具，增加小庭院的灵活性。

简约的白色户外家具搭配现代铺装材料，使空间充满现代气息

花坛与固定座椅相结合，挑空的设计不留卫生间死角，也方便预留灯带

叶小狗的花园，白色单椅和小巧的圆桌被植物团团围住，成为治愈身心的休闲角

6. 配置简单、易打理的植物

小庭院若想让人感到舒适，植物配置是不可绕过的一步。植物宜选择简单、易购、好打理的品种。现代风格庭院中可选择种植一棵与庭院相匹配的小乔木，如枫树、石榴树、日本早樱等，注意选择树冠幅较小、树枝不浓密的树种。

中式风格的小庭院搭配一株造型奇特的罗汉松会让院子充满格调。若是田园风情的小庭院，可选择种植开花丰富、色彩鲜艳的植物进行组团，打造美丽的花境景观。当然，在植物组团时，还应考虑叶色、花色、花期等因素的协调。

造型松和背后耐候钢板上的远山飞鸟图奠定了新中式印象

自然风庭院草坪区的一组花境，乔灌木与宿根花草错落布置

枫树枝形舒展，掩映下的水景墙富有诗情画意

绣球花是现代风格庭院的必备植物，花色多，花形饱满，好打理，成片栽植效果更佳

让小庭院更具质感和个性

地面铺装

在庭院的设计过程中，地面铺装是必不可少的环节，也是庭院硬质景观中不可或缺的组成部分。地面铺装除了美观外，还有一定的功能性，例如，划分不同的功能区，可作为过人的通道，以及防止杂草滋生。此外，铺装材料的材质、色彩也能丰富庭院的景观效果。

在选择小庭院地面铺装材料时，首先考虑材料表面的平整度、防滑性、耐久性和透水性等关键要素，以保证后期园主使用的安全问题。其次考虑色彩、肌理等美学层面的问题，例如，为顺应小庭院的面积，使用一些兼备功能性的镶边材料，一定会使小院子更加多变。

停车位地面材质是极具现代感的打磨刷漆清水泥和石粒散铺，嵌入灯带，夜晚也有别样的景致

小庭院的西侧过道综合使用砾石、青砖、石板和防腐木地板来划分不同的功能区，并运用了多种铺装方式，打造丰富多变的硬质景观

建筑侧面狭长的通道通常难以利用，在种植植物以外的地方铺上不规则的自然石和砾石，既方便园主日常通行，也延长了视线

通往蓝色休闲廊架的直线小径，左侧是修剪整齐的植物，右侧是大面积草坪，草坪中植入圆形水泥汀步，整个设计充满现代感

1. 小庭院常见的铺装材料

小庭院常见铺装材料有：木材、天然石材、砖材、砾石、鹅卵石、枕木、草皮等。当然，不同风格的花园具有不同的表现力，所用的铺装材料及手法风格也各异。

（1）最有人情味的材料——防腐木地板

由于户外环境的特殊性，庭院铺装材料为木材时，应选用坚硬、耐腐蚀的类型，并且需要经过特殊的防腐处理。木材的呈现形式一般是户外地板，如防腐木地板、塑木地板等。木材相对于石材、地砖等，自带温润质感，应用在花园中可以营造出自然、温馨的氛围。

出户铺设浅灰色防腐木地板

户外塑木地板

施工要点

防腐木地板必须固定在混凝土基层上，平台下方做好排水处理；基层必须找坡，做混凝土立柱，并将龙骨固定到混凝土立柱上，用防水螺丝钉把木板固定到龙骨上；木板应排列整齐，缝隙要保持均匀（宽度6毫米左右），以防高跟鞋踩入或掉入垃圾。

（2）最常见的材料——花岗岩

石材是庭院铺装中使用最广泛、品种最多、出镜率最高的天然材料。石材种类繁多，小庭院中通常用的是花岗岩、石灰岩、板岩等，其中尤以花岗岩最为常见。花岗岩硬度高、耐磨、抗压、不易风化，可以使用数百年之久，常见规格有300毫米×300毫米、600毫米×600毫米、800毫米×800毫米等，厚度在18～30毫米。需要注意的是：花岗岩是自然界中形成的天然石材，不可避免地会出现色差。

通铺黑色花岗岩，大气、典雅

施工要点

石材在铺设前必须用清水润湿，防止其将结合层水泥砂浆的水分吸收；根据设计样式，对好缝隙、铺设石材，并用素水泥或填缝剂填缝；石材的拼缝大小要保持一致，以防接缝高低不平、宽窄不均。

罗曼米黄莱姆石，浅米黄色更显温馨

（3）最具生活气息的材料——砖石

青砖黛瓦是中国古典园林常用的元素，现代庭院中也少不了砖石的身影。砖石的色彩丰富，大小、形状统一，易于铺出花样（如人字铺、工字铺、席纹铺等），通常作为园路和休闲区的地面铺装材料，营造出古朴、自然的空间氛围。小庭院中比较常用的是红砖、仿古砖等。

精心铺设的糖果色砖石小径

心妈‑Judy的花园，曲折的园路采用人字拼红砖铺就而成

（4）最具排水性的材料——砾石

砾石在中式风格庭院和日式风格庭院（特别是枯山水庭院）中运用得非常广泛，且价格低廉。砾石是松动的，踩在脚下很舒服，具有较强的排水性，能起到很好的覆盖作用，适用于休闲区铺装、填充道路缝隙或者形成排水道。此外，砾石铺地有助于防止土壤流失，还可以抑制杂草的生长。

枯山水庭院中的大面积砾石

（5）最具自然野趣的材料——鹅卵石

鹅卵石是一种纯天然的石材，颗粒小、色彩丰富且表面光滑细腻，常被用于拼接图案，极具设计感。在小庭院中，鹅卵石主要用于铺设园路和休闲区拼花，将大小不一、色彩各异和纹路自然的鹅卵石进行组合、排列，可以创造出令人惊艳的景观作品。

鹅卵石、砾石、老石板组合的地面

梯形汀步之间嵌入鹅卵石

（6）最有岁月感的材料——枕木

枕木是铁路轨道上替换下来的木头，沉淀着岁月的痕迹，这些木头经过特殊的处理后，耐腐蚀，不怕风吹、日晒、雨淋。枕木在小庭院中主要用于园路和台阶铺装，搭配砾石、鹅卵石、苔藓等，可打造出沧桑又富有生态感的景观效果。枕木的铺装比较简单，规则性摆放可呈现韵律感，不规则摆放则充满自然野趣。

枕木与草坪混合铺装

枕木与鹅卵石混合铺装

2. 让小庭院更出彩的地面铺装

（1）采用嵌草铺装

　　小庭院不宜做大面积的铺装，一览无余的大面积铺装会让院子失去美感。想让小院的绿化面积多一些，可采用硬质铺装与草皮或地被植物混铺的形式（石缝中嵌草或草皮上嵌石）。绿意盎然的草坪搭配硬质铺装，不仅丰富了铺装的形式，还可以有效防止地面温度上升。

不规则自然石与草皮相嵌的形式富有自然野趣

镶嵌了草皮的铺装，为线条明快的地面增添了几分生气

心妈 - Judy 的花园，入户区约 20 平方米，整体采用青石板嵌草铺装，规整的菱形彰显层次美感

（2）让线条富于变化

规则性铺装看多了难免会让人厌烦，将地面铺装的线条进行一些变化则能瞬间提升小庭院的档次。线条流畅的弧形、曲径通幽的S形以及光芒万丈的放射形等不一而足，不同线条和形状的巧妙搭配，绝对会让人眼前一亮。

侧院的S形小径由碎石铺就，与两侧的植物相得益彰，充满律动感

流线型园路与地面上的圆形互相映衬，搭配起伏的地势，凸显铺装的趣味性

（3）充分利用色彩

色彩的变化能给人带来愉悦感，避免小庭院的单调感。小庭院可选的地面铺装材料种类繁多，色彩也很丰富，仅花岗岩的颜色就有几十种之多，木材也可以涂刷不同的颜色，更不用提红砖、青砖、透水砖以及各种仿古砖了。巧妙利用不同质感、不同颜色的材料进行铺装设计，可以丰富庭院的色彩。

不同颜色的石材间隔铺装，在规整的设计理念下，充满变化

不同颜色、形状砖块铺装的地面，富有情趣

（4）做出立体层次

怎样的小庭院才有层次感？一马平川的院子毫无层次感可言。层次感是指高低错落，不给人一览无余的直视感。把院子进行阶梯化处理，部分抬高或下沉是设计师常用的手法。将部分地面进行抬高处理，抬高的平台可作为休闲区，喝茶、聚餐、观景都很适宜。或者打造一处下沉小景，极具围合感的下沉区域能确保交谈或独处的私密性，在无形中给人内心增加了几分安全感。

抬高临水吧台区和沙发休闲区，使庭院呈现出丰富的立体感

依地势打造下沉花园，植物围绕台阶进行布置，让阶梯与景致相融

（5）注重细节设计

地面铺装的收边设计是设计师不容忽视的小细节，做好不同层次和不同节点交接之处的收边，可有效提高铺装的完成度和精细度，为小庭院的设计加分。常见的收边材料有砖材、鹅卵石和砾石。如果能顺应小庭院的面积，选择兼具美观性和功能性的收边材料，定能收获一个趣味十足的小院子。

在这个日式枯山水庭院中，设计师在白砂与草坪的边缘嵌入筒瓦，做到精致收边

（6）增加小情调

地面铺装还可以融入一些富有亮点和趣味性的设计，以丰富视觉观感。除了前面提到的色彩搭配，还可以将不同材料进行创意组合和拼贴。充满年代感的枕木、色彩丰富的鹅卵石、造型各异的石材，以及各种花砖、马赛克瓷砖等，或随意或有规则地拼出各种样式的图案，再点缀一些矮小的地栽植物，可瞬间提升小庭院的质感。

枕木、碎石铺地与匍地花草组合

碎石抹平，放几块自然石汀步，自然呈现野趣美

花坛围沿使用了高低不一的红砖，草坪中嵌入自然石汀步

侧院地面铺装综合使用了砾石、青砖、石板和防腐木地板，打破了狭长而枯燥的穿行体验

植物选配

如果把地面铺装比作小庭院的形体，那么植物就如同庭院的衣服，衣服可以把形体衬托得更加帅气、漂亮。小庭院的植物配置宜遵循"少而精"的原则，需要因地制宜、因时制宜，做到精挑细选，同时还要遵守经济性原则，最好选择易购、好养护、造景效果佳的植物进行配置，达到"经济、实用、美观"的目的。

修剪得体的紫叶李造型树像是在欢迎主人归家

形态多样的植物交相辉映，搭配自然光影，生出静谧之感

1. 做出意境和韵味

　　小庭院要充分利用每一寸空间，如果想做出意境，不建议种植过多的树种，可选择合适的主景观树进行孤植，以突出视觉焦点。孤植的植物要讲究株型优美、造型奇特，如鸡爪槭、石榴树、紫薇、海棠等，这些植物春季嫩叶舒展，夏季枝繁叶茂，秋季霜染后或红或黄，冬季落叶后枝干横疏，每一季都会带给人不同的感受。

以绘制的禅意山水墙为背景，搭配石钵、草坪、南天竹，很有意境

鸡爪槭的颜色多变，春夏绿意盎然；秋季红艳似火，为其最佳观赏季节

2. 植物搭配要与庭院风格相协调

植物配置要与小庭院的整体风格相适宜，做到层次分明。中式风格的院子较少用外来植物，多选用罗汉松、青竹、桂花、蜡梅、垂丝海棠、石榴、紫藤等，善用植物来比拟人的品格，造园手法上讲究"天人合一"，植物配置强调与建筑、山水融为一体。

日式庭院的整体风格是宁静、质朴，多用光蜡树、红豆杉、鸡爪槭、山茶、日本女贞、早樱等，植物往往搭配置石、沙砾、石笼灯、石砵等，以体现禅意氛围。

欧式庭院的植物配置讲究规则，注重庭院的整体平衡和比例关系，常给人一种高度统一的美，多用梧桐、珊瑚树、石楠、月季、小叶女贞、雀舌黄杨、紫薇、西洋鹃、五色梅等。当然，欧洲各个国家的庭院风格又大相径庭。

现代庭院深受年轻人的追捧，植物配置较为简洁、大方，通常选用日本早樱、四季秋海棠、紫薇、木绣球、金边黄杨、鼠尾草、玉簪等，力求通过植物配置营造开阔的视野。

造型松罗汉松是新中式庭院中的常用树种

现代简约风格的庭院植物配置讲求自然、随意，吧台旁是三株棒棒糖形油橄榄

日式枯山水庭院，植物与沙砾、置石、水钵相结合，营造充满静谧感的空间氛围

英式自然风庭院，水流、石头和野蛮生长的植物如同大自然的一部分

3. 考虑植物四季的颜色

　　小庭院一年四季总是一个颜色，容易让人产生审美疲劳，利用植物打造四季色彩不同的小院则是很多人的向往。对于小庭院，可以选择几株春天开花、夏季叶绿、秋天有果、冬季枝干有造型的植物来进行栽种，比如石榴、海棠、紫叶李、鸡爪槭等，再搭配一些草本植物或叶子鲜艳的宿根植物等，让小院四季都有景可赏。

绣球花开花繁茂、色彩丰富，作为时下流行的花种，深受年轻人的喜爱

叶小狗的花园，休闲区的爬藤三角梅姹紫嫣红，甚是好看，已成为花园中的视觉焦点

　　春季开花的植物有樱花（红、白）、樱桃（红）、紫叶桃（红）、李树（白）、紫叶李（粉）、梨树（白）、海棠花（红、粉）、山茶（红、白）、月季（红、紫、黄）、三角梅（红、紫红）、紫荆（红）、迎春（黄）等。夏季的观花植物有紫薇（红）、石榴（红）、栀子花（白）、木绣球（白）、凌霄（红）等。秋天，银杏落叶前的金黄、鸡爪槭的红色，以及冬日三角枫、龙爪槐、枣树的枝干都别有韵味。

4. 配置少许藤蔓植物，丰富立面空间

对于小庭院而言，想多栽种些植物，但空间又受到限制，靠墙边种植藤蔓植物显得很有必要。藤蔓植物不像乔木那样冠幅高大，也不会像灌木和草花占用较大的地面面积，可以借助墙壁或者藤架向上生长，丰富立面空间。紫藤、凌霄、蔷薇、铁线莲、三角梅、金银花、葡萄等景观绿化效果都非常不错。

在狭长的过道种植葡萄，浓荫下的硕果累累会带给人幸福感

欧月沿着墙上的木格栅慢慢生长，假以时日定会成为一面美丽的花墙

5. 善用组团配置，打造花境景观

植物组团是指不同种类、不同高度、不同颜色的植物，经过合理的搭配，打造出的美丽的植物群组。植物组团能丰富空间层次感，引导视线焦点，应着重从植物的高度、色彩、形状等方面进行搭配。高（小乔木）－中（灌木）－低（草本植物）是最简单的搭配形式，形态错落，突出植物的层次感。

在小庭院的角隅、边缘，或在园路的两侧栽植多年生花卉组成的花境。例如，朴素的雏菊、色彩缤纷的郁金香、花色洁白的玉簪和葱兰组成的花境，低矮的植株还可以扩大庭院的空间感，其余空间可放置摇椅、桌凳供人休息。

高处是球形灌木，中层是荷包牡丹、大花葱、东方罂粟，低处是金边麦冬、反曲景天、水苏

背景植物为小乔木，中层是球类植物，如龟甲冬青、红花檵木，下层是各色小型月季

6.设置一方水景,配置亲水植物

流动的水富有灵性,如有可能小庭院里最好打造一方水景,或叮叮咚咚,或流水潺潺,或水平如镜,不管何种形式,都会给院子增色不少。小庭院的水景面积不易过大,可以沿墙边布置,也可穿过园路,架一座小木桥,让水从桥下流过。

水生植物以水为生境,在水中展叶、开花、结实,创造水上景观。荷花、睡莲、凤眼莲、马蹄莲等常见的亲水类植物,姿态婀娜,观赏性强;菖蒲、梭鱼草、莎草、狐尾藻使水景更具自然情趣。

池边种有喜阴肾蕨,翠绿的颜色非常喜人

三个出水口之间铺设鹅卵石,鹅卵石中植木贼

水池里种植亲水植物,菖蒲、荷花、睡莲、水生美人蕉,层次分明

7. 小庭院常用造景植物推荐

可作为视觉焦点的主景观树

色彩多变的秋季最佳观叶树种之一

鸡爪槭

形态特征 落叶小乔木，有红枫、羽毛槭等变种；树姿张开，小叶细长，夏天叶子转为深绿色；秋天叶子变为鲜红色，有"霜叶红于二月花"之赞。

生长习性 喜湿润、温暖的气候和凉爽的环境，较耐阴、耐寒，忌烈日暴晒。

观赏价值 叶形优美，树姿婀娜，色彩富有变化性，为不可多得的观叶树种。

养护要点 可粗放管理，夏季保持土壤湿润，入秋后土壤稍干，冬季要增施有机肥。

为春日增添色彩的美丽树种

日本早樱

形态特征 落叶乔木，高 3 ~ 10 米，树皮灰色、横纹状，花序伞形总状，花粉白色，花瓣 5 枚，花期在 3 ~ 4 月。

生长习性 喜阳光、温暖、湿润的气候环境，耐寒，要求疏松、肥沃和排水良好的土壤。

观赏价值 枝叶繁茂，花开满树，如云似霞，具有很高的观赏价值。

养护要点 保持土壤潮湿，每年施肥两次，最好是酸性肥料。修剪时，主要剪去枯萎的树枝、重叠枝和病虫枝。

既可观花又能产果的小庭院热门树种

月季石榴

形态特征 落叶小乔木或灌木，高 2 ~ 5 米，树冠不整齐；花期在 5 ~ 9 月，果期在 9 ~ 10 月，花色多为红色，也有白色和黄色。

生长习性 喜温暖、阳光充足的干燥环境，耐干旱，耐寒，对土壤的要求不高。

观赏价值 盛开时满树红色，果实繁多；每朵花自花开至果实成熟，一直挂在树上。

养护要点 修剪枝条对石榴的生长非常关键，病害主要是茎腐病，宜拔除病苗，喷洒波尔多液。

"最是那一低头的温柔"

垂丝海棠

形态特征 落叶小乔木，树冠疏散，枝纤细，花梗自然下垂，花朵向下垂挂盛开，花瓣呈粉红色，花期在 4 月份左右。

生长习性 喜阳光，不耐阴，不太耐寒；对土壤要求不严，但在疏松、肥沃、排水良好、略带黏质的土壤中生长得更好。

观赏价值 花朵簇生于顶端，朵朵弯曲下垂，美不胜收。

养护要点 春季发芽前剪除残枝、徒长枝，促进更多花芽的萌发与生长；秋季减少浇水量，抑制其生长，有助于越冬。

整个生长季节叶子都为紫红色

紫叶李

形态特征 落叶小乔木，又名红叶李，枝条细长，高度可达七八米，叶片紫红色，三四月间开淡粉色花，果实椭圆形。

生长习性 喜欢温暖、湿润的气候，有一定的抗旱能力，喜肥沃、排水良好的土壤。

观赏价值 叶子在整个生长季节都是紫红色，和常见的绿色叶子形成对比，具有很好的色系差异。

养护要点 喜阳光，应种植于阳光充足的环境中；春、秋两季可以在根部四周埋入农家肥，可使枝繁叶茂。

呼唤春天的美丽开花树种

碧桃

形态特征 落叶小乔木，树枝伸展，高度可达 3 ~ 5 米；花期在 3 ~ 4 月，花朵重瓣，有白、红等颜色，花可开半月之久。

生长习性 喜温暖、向阳的生长环境，耐寒能力强，不耐潮湿的环境，南北方均可栽培。

观赏价值 花多繁茂，色彩鲜艳，一般在向阳处进行孤植或丛植，是著名的观赏树种。

养护要点 喜阳光，怕积水，不宜种植在大树旁，以免影响其生长；雨天应做好排水工作。

花色紫红、花形如蝴蝶的美丽灌木

紫荆

形态特征 落叶乔木或灌木，丛生或单生，高2～5米，紫红色或粉红色花，2～10朵呈束，花期在3～4月。

生长习性 喜欢光照，稍耐阴，较耐寒；喜肥沃、排水良好的土壤。

观赏价值 花色艳丽，舒展的株形和浓密的花束具有较高观赏价值。

养护要点 喜肥，肥足则枝繁叶茂，花多色艳，缺肥则枝稀叶疏，花少色淡；定植时施足底肥，正常生长后每年要追肥。

白花满树，如积雪压枝头

木绣球

形态特征 落叶或半常绿灌木，枝广展，树冠半球形，高达4米，花初开带绿色，后转为白色，花期在4～5月。

生长习性 喜光，略耐阴，喜温暖、湿润的气候；好生于肥沃、湿润、排水良好的土壤。

观赏价值 株形舒展，开花时犹如积雪压枝；宜配植在堂前、屋后、墙下、窗外。

养护要点 管理可较为粗放，适量施肥、浇水即可年年开花；开花后适当修枝，夏季剪去徒长枝先端，以调整株形。

为小庭院增添色彩的华丽花朵

绣球

形态特征 多年生落叶灌木，高1～4米；开花时因在花枝顶端聚成伞状，形似绣球而得名，花期在6～8月。

生长习性 喜温暖、湿润、半阴的环境，在小庭院背阴处、小乔木下生长理想。

观赏价值 花形饱满，大而美丽，成片栽植景观效果更佳。

养护要点 土壤的 pH 值可对绣球的花色产生影响，土壤呈酸性花多为蓝色（可在土壤中加入硫化铝），土壤呈碱性花多为红色（可在土壤中加入石灰粉）。

拥有流畅线条和清新色调的开花植物

喷雪花

形态特征 别名雪柳，落叶灌木，高达 1.5 米，丛生分枝，枝纤细；春夏开花，花期长，花白色，小而密，花梗细长。

生长习性 喜阳光，耐阴、耐寒又耐旱；对土壤要求不严，但在湿润、肥沃的土壤中长势更好。

观赏价值 株丛丰满，叶形似柳，春季盛花时，玉花攒聚，一片雪白。

养护要点 开花前或秋季对植株进行修剪，剪去内膛过密的枝条，以利于树体通风、透光。

夏秋时节重要的开花树种

紫薇

形态特征 落叶小乔木或灌木，树干光滑，似没有树皮一样，花能从夏天开到秋天，花色丰富，有白色、红色、紫色、粉色等。

生长习性 喜光，花期尤其需要充足光照，喜肥沃、湿润的土壤，忌涝。

观赏价值 花色鲜艳，花期长，开花时花朵缀满整个枝条，疏散开来，很是好看。

养护要点 管理粗放，保持土壤湿润即可；少量多次施肥，可使开花丰富；适当剪除无用枝条，可达到多开花的目的。

冬季开花的观赏树

蜡梅

形态特征 落叶灌木，高度可达 4 米，先开花后长叶，花呈黄色，具有蜡质，花味幽香，花期为 11 月至翌年 3 月。

生长习性 耐寒性好，冬季仍可正常开花，耐旱、怕涝，适合生长在排水良好的沙质土壤中。

观赏价值 冬季少有的开花树种，开花时整个院子都会有幽幽的香气，与假山、置石相配，别有一番情趣。

养护要点 蜡梅的造型是观赏的重点，修剪时应进行修枝造型，减掉枯枝、病枝、老枝和徒长枝，让树形疏密有秩。

拥有美丽黄边的球形灌木

金边黄杨

形态特征 常绿灌木，枝叶密生，树冠呈球形，叶子边缘为黄色或白色，中间为黄绿色并带黄色条纹，花期在 3 ~ 4 月。

生长习性 喜日照充分的环境，稍耐阴，有一定的耐寒力，对土壤要求不严。

观赏价值 四季常绿，叶质厚而有光泽，修剪成规整的球形，常作为小庭院的绿篱树种。

养护要点 每年春、夏季修剪一次，以晴天修剪最好，阳光有利于剪口的复合；雨天修剪则容易使病菌侵入。

"万绿丛中一点红"

红花檵木

形态特征 常绿灌木，树皮暗灰色或浅灰褐色，多分枝；嫩叶淡红色，花紫红色，带状线形，如菊花花瓣，花期在 4 ~ 5 月。

生长习性 喜温暖、向阳的环境，阴时叶色容易变绿，适宜在肥沃、湿润的微酸性土壤中生长。

观赏价值 枝叶茂密，开花时满树红花，非常壮观。

养护要点 在早春、初秋等生长期进行适当修剪，维持树形；南方梅雨季节应注意保持排水良好。

绿油油的叶子非常耐看

龟甲冬青

形态特征 常绿矮生灌木，多分枝，叶小而密，叶片椭圆形或倒卵形，叶面凸起、亮绿色；花小、白色，花期在 5 ~ 6 月。

生长习性 适应性强，喜阳光，稍耐阴，较耐寒，喜肥沃、疏松、排水良好的酸性土。

观赏价值 叶子密集浓绿，常作地被和绿篱使用。

养护要点 生长期土壤要保持湿润，为了维持树形应定期进行修剪，以每年高出一个叶片的高度为基准进行球形修剪。

能长出金黄色叶子的球形灌木

金叶女贞

形态特征 落叶灌木，高 1～2 米，新叶金黄色，因此得名；老叶黄绿色至绿色，叶片薄，开素雅的小白花，花期在 5～6 月。

生长习性 喜光，耐阴性较差；对土壤要求不严，不施肥都会生长良好。

观赏价值 新发的叶片金黄色，枝叶浓密，常用作绿篱和色块组团，具有极高的观赏价值。

养护要点 每年 5 月中旬和 9 月中旬进行修剪造型，生长季节可每月施 1～2 次肥，病虫害较少。

给点阳光，红叶会更加靓丽

红叶石楠

形态特征 常绿小乔木或灌木，株形紧凑；新生长的叶子为亮红色，色彩格外显眼，花期在 5～7 月，开白色花。

生长习性 喜充足阳光，光照越充足，新叶就越红；对土壤环境的适应性强，比较耐寒、耐修剪，萌芽能力强。

观赏价值 株形美观，亮红色新叶鲜艳、美丽，可用作绿篱，修剪成球形更具观赏性。

养护要点 主要采取扦插法繁殖，成活率较高；为了维护树形，应定期修剪，可以每年高出一个叶片的高度为标准来修剪。

优良的色块材料

金宝石冬青

形态特征 常绿灌木，植株低矮，叶小而密生，新梢和新叶金黄色，后渐变为黄绿色，花期在 5～6 月。

生长习性 喜光，在充足光照下，金黄色的叶子会更加耀眼；喜湿润环境，忌积水，在偏酸性、富含腐殖质的土壤中生长良好。

观赏价值 叶子金黄色，可作为球形盆景，是优良的彩叶灌木。

养护要点 栽植前土壤要充分翻耕，生长期适量浇水，土壤保持湿润即可。

被誉为"藤本花卉皇后"的缠绕性开花植物

铁线莲

形态特征 落叶或常绿藤本，茎棕色或紫红色，小叶片狭卵形至披针形，花色较多，花期一般从早春到晚秋。

生长习性 喜阴凉，耐寒性强，喜肥沃、排水良好的土壤，过于保水的土壤或浇水过多容易造成烂根。

观赏价值 枝条细如铁丝，花形似莲，花色丰富，被誉为"藤本花卉皇后"。

养护要点 浇水必须浇透，保持土壤湿润即可；开花后要把残花和疯长的枝条修剪掉，春秋生长旺盛季追施复合肥 2 ~ 3 次。

为冬季庭院增添色彩的喜庆植物

三角梅

形态特征 紫茉莉科，高 1 ~ 8 米；花序腋生或顶生，苞片椭圆状卵形；花期长达八九个月。

生长习性 喜光照充足和温暖、湿润的环境，不适合在寒冷地区种植。

观赏价值 花苞片多过叶子，色彩艳丽，花开时节一片紫红色，充满热带风情。

养护要点 浇水保持不干不浇、浇则浇透的原则。耐修剪，花期过后修剪弱枝、徒长枝，对生长枝进行打芯，以使植株不过度长高。

可用来打造美丽花墙的芳香植物

蔷薇

形态特征 多年生藤本植物，花色多，常见有红色、粉色、黄色、白色，花朵大小不同，有淡香味；晚春和初夏两季开花数量较多。

生长习性 喜欢阳光，亦耐半阴，较耐寒，对土壤要求不高，忌积水。

观赏价值 花形丰富，味香，夏日花繁叶茂，是香色并具的观赏花。

养护要点 蔷薇扦插或压条都容易成活；及时剪除枯枝、病枝和过密的老枝，可促进新枝的萌发及下一年开花。

小庭院棚架、拱门的良好绿化植物

凌霄

形态特征 多年生藤本植物,茎褐色,叶对生;开鲜红色或橘红色花,花期在 5 ~ 8 月。

生长习性 喜温暖、湿润的环境,稍耐阴,在贫瘠的土壤生长良好,忌水肥过多。

观赏价值 可攀爬在花架、拱门、围栏上,开花时枝头一片灿烂的橙色。

养护要点 早期注意浇水,后期可粗放管理。凌霄生长很快,枝条过于茂盛时要进行疏枝,并修剪树形;不喜大肥,施肥过多影响开花。

遮阴又产果的家庭常见缠绕性树种

葡萄

形态特征 落叶藤本植物,小枝圆柱形,叶卵圆形,花期在 4 ~ 6 月,果期在 9 ~ 10 月。

生长习性 喜充足阳光,在光照充足的条件下,叶片厚而深绿,对水分的要求较高,肥沃的沙壤土更有利于其生长。

观赏价值 葡萄叶子郁郁葱葱,弯曲的枝干观赏性强,葡萄果实晶莹剔透,味美可口。

养护要点 生长初期需要较多的水,开花、结果时宜少浇或不浇水;越冬前进行适当的冬剪,以减少冬季枝蔓的水分蒸发。

兼具观赏价值和药用价值的藤本植物

金银花

形态特征 忍冬科落叶藤本植物,开花初期为白色,后变为黄色,黄白相映,故名金银花,夏季开花。

生长习性 生性强健,喜干爽气候、充足阳光,耐寒能力强,既耐干旱,又耐水湿,对土壤要求不严。

观赏价值 花色奇特,花形别致,幽香馥郁,是小庭院中良好的墙上、藤架绿化藤本植物。

养护要点 播种、扦插、压条、分株均可繁殖,生长期应充分浇水、施肥、立支架,以利于其攀缘。

花、叶共赏的热门宿根草本植物

花叶玉簪

形态特征 多年生草本植物，株丛紧密，叶卵形至心形，叶面中部有乳黄色、白色纵纹及斑块，暗紫色花，花期为 7 ～ 9 月。

生长习性 典型的阴生花卉，喜湿，忌阳光直射，喜肥沃、疏松的沙壤土。

观赏价值 叶片清秀，呈魔幻般的渐变色彩，是小庭院观叶植物中出镜率较高的品种。

养护要点 生长期注意浇水，保持土壤湿润；夏季剪除下方多余的叶子，增强通风；每月施 1 次肥，开花前增施 1 次磷钾肥。

宛若翩翩彩蝶的多年生草本植物

鸢尾

形态特征 多年生草本植物；花茎高于叶片，花色有蓝紫色、白色、黄色等，花期在 4 ～ 6 月。

生长习性 适应性强，耐寒又耐热，在水池、林荫处均能生长良好；抗病性强。

观赏价值 叶片青翠，花形大而奇，宜栽植在半阴处或树丛边缘。

养护要点 病虫害较少，开花后如不采种，可及早将花葶从基部剪除，以减少营养的消耗，促进多发新芽。

人气极高的观叶植物

肾蕨

形态特征 多年生草本植物，高 30 ～ 60 厘米，根状茎直立，叶簇生，上面有纵沟，叶片狭披针形，先端短尖。

生长习性 喜温暖、潮湿的环境，忌阳光直射，自然萌发力强；对土壤的要求不高。

观赏价值 叶片修长，四季常绿，主要配置在墙角、假山旁、水池背阴处。

养护要点 分株繁殖生长良好；以氮肥为主，春、秋季生长旺盛期，每半月至一个月施一次稀薄饼肥水。

小清新园主最爱花种之一

玛格丽特

形态特征	常绿多年生草本植物，叶宽卵形、椭圆形或长椭圆形；头状花序，2 ～ 4 月花开最美。
生长习性	喜凉爽、湿润的环境；不耐炎热，怕积水、水涝，要求土壤肥沃且排水良好。
观赏价值	花色多，花型甜美、可爱，颇受小清新园主喜欢。
养护要点	养护简单，基本无虫害；不耐热，夏季死亡率较高，宜放在阴凉、通风处；换盆和定植时应施足底肥，其他时段不再施肥。

开花艳丽多姿，雍容华贵似牡丹

大丽花

形态特征	多年生草本植物，植株高达 1.5 ～ 2 米，花期在 5 ～ 11 月，花朵大，多重瓣，有白、红、黄、紫、粉等多种颜色。
生长习性	喜光，也能适应半阴环境，长时间的强日照会影响开花，不耐干旱，在肥沃、疏松的沙质土壤中生长良好。
观赏价值	花朵大，花色丰富，开花时间长，可盆栽，亦可在地面种植。
养护要点	春季把土壤中的大丽花块根挖出，每个块根都可以单独种植；冬季地上的部分枯萎后应剪掉，来年春天可重新生长。

叶子比花还要美的植物

矾根

形态特征	多年生耐寒草本花卉，叶色丰富，花梗细长，开白色、红色、粉红色花，花朵小巧，如同一个个小铃铛，花期在 4 ～ 10 月。
生长习性	喜光，耐阴，忌强光直射，耐寒能力强，喜疏松、肥沃的土壤。
观赏价值	叶色繁多，在不同的季节、环境和温度下，叶片颜色有着丰富的变化，是理想的花境植物。
养护要点	对肥料的需求不大，每年补充两次堆肥土即可；花朵凋谢之后，要及时剪掉花茎，让养分集中保留在叶子上。

叶子也很美丽的夏日花种

美人蕉

形态特征 多年生球根花卉，植株挺立高大，枝叶丛生茂盛，开花时间长，主要有红色、黄色、粉色、橙色等品种。

生长习性 生性强健，喜光，怕强风，不择土壤，适于潮湿及浅水处生长。

观赏价值 花大色艳，叶片翠绿，是夏季少花时节不可多得的观赏花。

养护要点 生长期应保证水肥充足；花谢后，应随时将茎枝从基部剪去，以便萌发新芽，长出花枝，陆续开花。

具有超高"颜值"的人气花

大花葱

形态特征 多年生草本植物，花葶从鳞茎基部长出，伞形花序呈大圆球形，由2000～3000朵小花组成，花色紫红，花期在4～6月。

生长习性 喜温暖、湿润、阳光充足的环境，忌湿热、多雨；喜疏松、肥沃的沙壤土。

观赏价值 花大而奇特，色彩明丽，宛如一根巨大的棒棒糖，常用作花境植物。

养护要点 病虫害较少，在贮藏过程中，鳞茎应防止高温、高湿，否则容易发生腐烂病。

给仲夏季节小庭院带来一抹红

火星花

形态特征 多年生草本植物，地上茎高约50厘米，常有分枝；漏斗形花从叶丛中抽出，橙红色，花期在6～8月。

生长习性 喜充足阳光，较耐寒；对土壤的要求不严，最好不要种植在低洼之地。

观赏价值 橙红色穗状花序随风起伏，好似鲜红的麦浪，是优良的夏季观赏花。

养护要点 几乎不用管理，栽植前土壤要充分翻耕，施足基肥，整成高畦；主要有斑点病和刺足根螨危害。

花如名字一样美

美女樱

形态特征 多年生草本植物，植株丛生，匍匐地面，高 10～30 厘米；花小而密，有白色、粉色、紫色、红色，花期在 5～11 月。

生长习性 喜温暖、湿润和阳光充足的环境，较耐寒，不耐旱；宜在疏松、肥沃的中性土壤中生长。

观赏价值 花色繁多，一团团、一簇簇，清新悦目，可用作花坛、花境材料。

养护要点 夏季应注意浇水，防止干旱；集中在生长期施肥，每 15 天施 1 次肥。

生命力像野草一样顽强

石竹

形态特征 多年生草本植物，高 30～50 厘米，花色丰富，花瓣紫红色、粉红色或白色等，花期在 5～6 月。

生长习性 喜阳光充足、通风良好的环境，耐寒，耐干旱，忌水涝，喜肥沃、疏松、排水良好的沙质土壤。

观赏价值 株形低矮，花量大，花色丰富，大面积栽培很有观赏性，在庭院中主要作为花坛、花境的点缀植物。

养护要点 可播种繁殖，生长期应放置到通风、向阳的地方养护；开花后进行修剪，能促进再次开花。

又名忘忧草

萱草

形态特征 多年生草本植物，叶片细长，花朵直径大，长在独立的花茎上，花色多，花期 5～9 月。

生长习性 生性强健，喜温暖、光照充足的环境，耐寒冷，对土壤要求不严，在贫瘠的土壤中也可以生长。

观赏价值 绿叶成丛，花大色艳，花期长，极具观赏性，丛植于小庭院中，花开不断，热闹非凡。

养护要点 管理粗放，养护简单，可在贫瘠的土壤中生长；种植时施入有机肥，可以促进植株生长和开花。

娇小玲珑，早春地被花卉首选

雏菊

形态特征 高 10 厘米左右，叶基生，头状花序，花色丰富，有红色、黄色、白色、紫色等；花期多在早春。

生长习性 生性健壮，喜充足阳光，耐半阴，较耐寒，忌炎热；对土壤要求不严格。

观赏价值 花朵娇小玲珑，色彩明媚素净，花色繁多，为早春地被花卉首选植物。

养护要点 生长期应注意除草；喜肥沃土壤，每隔 7 ~ 10 天追 1 次肥；花开后，可停止施肥。

从春天到秋天，开花不断的盆植主角

矮牵牛

形态特征 高 20 ~ 45 厘米，茎匍地生长，叶柔软，花呈漏斗状，开白色、紫色或红色花，花期一般在 4 月至霜降。

生长习性 适应能力强，喜欢日照和排水性良好的土壤，不耐霜冻，怕雨涝。

观赏价值 花大而多，花色丰富，花期长，是优良的花坛和种植钵花卉。

养护要点 喜肥，生长期除了保证光照和水分，还应每隔 10 天追施 1 次液肥；植株过长时可截断至一半，使其重新生长。

傻傻惹人爱的花朵

三色堇

形态特征 别称猫脸花，多年生草本植物，茎高 10 ~ 40 厘米，直立或稍倾斜，每朵花有紫、白、黄三种颜色，有丝绒质感，花期在春天。

生长习性 较耐寒，喜阳，喜肥沃、排水良好、富含有机质的中性土壤或黏土壤。

观赏价值 株型低矮，色彩绚丽，适宜布置在花境、草坪边缘。

养护要点 生长期要及时摘除残枝、残花，对徒长枝通过摘芯控长，促发新枝。

好看、能烹饪的芳香性植物

鼠尾草

形态特征 一年生草本植物，茎直立，株高 30 ~ 60 厘米，叶灰绿色，顶生总状花序，开蓝色或蓝紫色花，花期在 6 ~ 9 月。

生长习性 喜温暖、比较干燥的环境，需要有充足的日照；适宜生长在中性至微碱性土壤里。

观赏价值 叶子常绿，大片蓝紫色花会形成美丽的花海，常用作花境植物。

养护要点 及时松土、除草，干旱时应适当浇水；雨后及时进行排水，生长期根据情况追肥 2 ~ 3 次。

花瓣具有美容功效

金盏花

形态特征 两年生草本植物，别名金盏菊，花色多为金黄色或橙黄色，花朵直径在 5 厘米左右，重瓣，花期在 4 ~ 9 月。

生长习性 喜温暖、湿润、阳光充足的环境，怕炎热天气，较耐寒，疏松、肥沃、排水良好的土壤更适合其生长。

观赏价值 植株矮小，花色艳丽，在阳光下分外耀眼，适合种植于花坛边缘。

养护要点 主要通过播种繁殖，一般在早春或秋季播种；生长期应保持土壤湿润，缺水会影响植株的正常生长。

草本植物中的"绝代佳人"

虞美人

形态特征 一年生草本植物，茎直立生长，高度为 25 ~ 95 厘米，花色丰富，有白色、红色、黄色等，花期在 5 ~ 8 月。

生长习性 可耐寒冷，不耐炎热，适合种植在有肥力、排水良好的沙质土壤中。

观赏价值 花色丰富，婀娜多姿，在庭院中主要种植于花坛中，或与其他植物一起组成花境。

养护要点 主要通过播种繁殖，春秋两季都可播种；喜肥沃土壤，开花前适当追肥，以保证花朵硕大、鲜艳。

不可多得的亲水植物

睡莲

形态特征 多年生水生草本植物，叶浮于水面；开花时花茎托着花朵直立于水面，花色有红色、黄色、粉红、白色等，花期在 5 ~ 8 月。

生长习性 喜阳光，阴处生长开花差，生长季节水池深度不宜超过 60 厘米。

观赏价值 花、叶俱美的水上观赏植物，夏季带给人清新之感。

养护要点 生长季节应注意清除盆内杂草、枯叶及水面藻类；花期适当追施磷肥。

带给人惊艳观感的水生植物

凤眼蓝

形态特征 多年生草本植物，高 30 ~ 60 厘米，莲座状，叶片圆形或卵圆形，绿色；花瓣蓝紫色，花期在 7 ~ 10 月。

生长习性 喜温暖、湿润、阳光充足的环境，适应性强，具有一定的耐寒能力。

观赏价值 花瓣中心有明显的黄色斑点，形如凤眼，浮于水面，野趣盎然。

养护要点 初期生长缓慢，易受杂草危害，应及时捞除水中的青苔、杂草；常见的害虫是蚜虫。

摇曳的姿态为水景增添自然情调

花叶菖蒲

形态特征 多年生草本植物，叶茎生，叶片剑状线形，有金黄色边，花黄绿色，花期在 3 ~ 6 月。

生长习性 喜温暖、湿润和阳光充足的环境，不耐寒，忌干旱。

观赏价值 叶片挺拔，色彩明亮，颇为耐看，适宜栽种在水景边。

养护要点 生长期内保持水位和潮湿，并结合施肥除草。初期以氮肥为主，开花前以复合肥为主，每次施肥一定要放入泥土中。

小庭院水景观赏草的新宠

木贼

形态特征	多年生常绿草本植物，高 30 ~ 100 厘米；表面灰绿色或黄绿色，节间中空；外观像迷你版竹子，一节一节的。
生长习性	喜阴湿的环境，对土壤没有特别要求。
观赏价值	茎秆亭亭玉立，株形挺拔，可丰富水景的立面效果。
养护要点	可孢子繁殖，亦可分茎繁殖；孢子繁殖时，采下孢子后应立即播种于土壤表面，稍覆土保持湿度。

被誉为"水上天堂鸟"

再力花

形态特征	多年生挺水草本植物，植株高度可达 2 米，叶片形似芭蕉，细长的花茎顶端开出紫色花朵，花期在夏季。
生长习性	喜温暖、湿润、阳光充足的环境，不耐寒冷、干旱，在微碱性的土壤中生长良好。
观赏价值	叶片翠绿，清新可人，花期长，花朵雅致，为水景绿化的优良挺水花卉。
养护要点	多以根茎分枝繁殖；春季，从植株上面取下带芽的根茎，栽入花盆，并施足肥料，等到植株开始生长后，再将其移到水池中。

花、叶都具有较高的观赏价值

马蹄莲

形态特征	多年生粗壮草本植物，叶片较厚，翠绿色；花苞洁白或彩色，因形似马蹄而得名，花期在 3 ~ 8 月。
生长习性	喜温暖、湿润和阳光充足的环境，不耐寒，怕旱，适宜疏松、肥沃的土壤。
观赏价值	花梗高耸，花形优雅，颜色清新，可布置于小庭院水景中。
养护要点	以分球繁殖为主，植株进入休眠期后，切下四周的小球，另行栽植；花谢后，剪去枯黄的叶片和残花，以利于块茎膨大、充实。

草坪打造

　　草坪虽然不如花儿那么鲜艳，也不如树木那么伟岸，但是在小庭院里打造一块草坪，如同画卷中的一处留白，带来绿意的同时，也能给人无尽的想象，让视野更加开阔。小孩子在上面肆意奔跑，大人也不必担心他们摔倒、磕碰，可以说草坪是庭院中性价比较高的休闲场所。

出户前的大面积草坪似画卷的留白，使周围的花朵和绿植更显生机

1. 小庭院草坪的常见草种

　　庭院草坪草主要有两类：暖季型和冷季型。暖季型草坪草的主要生长季节在夏季，冬季进入休眠期，其特点是耐热性好、抗病性强、色泽淡绿，可粗放式管理；适宜生长的温度是 25 ~ 35℃，多分布在我国长江以南地区，代表草种为马尼拉草、地毯草和百慕大草。

　　冷季型草坪草一般有春、秋两个生长高峰，夏季为休眠期（气温高于 30℃，生长缓慢），其特点是绿色期长，草色浓绿，需要精细化管理，适宜生长的温度为 15 ~ 25℃，主要分布在我国长江以北地区，代表草种有黑麦草、高羊茅和剪股颖等。

马尼拉草，草层茂密，抗旱、耐踩踏，易打理

百慕大草，草质细腻，耐踩踏，植株低矮、再生能力强

黑麦草，株高 30 ~ 90 厘米，植株较粗壮，10℃左右可正常生长

高羊茅，冷季型草坪草中最耐干旱和耐践踏的草种，贫瘠的土壤也可以正常生长

暖季型草和冷季型草对比

类别	生长期	适宜生长温度	代表草种
暖季型草	夏季	25 ~ 35℃	马尼拉草、地毯草、百慕大草
冷季型草	春季、秋季	15 ~ 25℃	黑麦草、高羊茅、剪股颖

2. 小庭院草坪的铺装形式及施工要点

小庭院的草坪铺装讲究花样与乐趣，草坪可以与硬质铺装巧妙结合，采用混合铺装的形式，硬质铺装中填充部分草坪作为点缀，会让庭院的层次感更丰富。草坪中铺装出小路或者小面积休闲区，会使院子充满情趣。

草坪和砾石相结合的庭院，流线型线条设计看上去更为灵动、自然

嵌草铺装,在地铺之间植入草坪,浅色石块与绿色草坪形成色差,可增强视觉效果

草坪与双色地砖拼装,草坪粗糙的质感和石材光滑的质感相互映衬

草坪中嵌入自然石汀步,打造质朴、有趣的花园小径

施工要点

①草皮铺装前,应对土壤进行平整,挑拣出较大的石块和杂草,这样草坪铺装出来才会整齐、好看。杂草如果不被清除不干净,会争抢草坪的养分,给草坪带来巨大的损害。

②把平整的土地压实,然后铺一层 2～3 厘米厚的细沙。

③细沙铺好后,均匀地铺撒一层有机底肥。

④市场上买到的草皮一般是方形的,铺装时要对好接缝,弯曲处剪掉多余的草皮,整体铺好后压实。

⑤浇水要均匀,小庭院最好采用人工喷洒灌溉的方法。

3. 小庭院草坪的养护常识

(1)定期修剪

定期对草坪进行修剪,不仅可以促进草坪的良好生长,还能有效减少病虫害的发生,对混到草坪中生长的杂草也有抑制作用。草坪生长旺盛的季节每月修剪 2～3 次即可,生长缓慢的季节则可减少修剪的次数。剪下的草屑可以适量留在草坪里作为天然肥料。

草坪修剪应遵循"1/3 原则",即每次剪掉的高度不能超过草植株高度的1/3,修剪掉的高度太多会影响草坪的正常生长和美观性。

草坪每次修剪的高度不能超过植株高度的 1/3

（2）施肥

施肥是草坪养护中又一重要环节。草坪修剪的次数越多，从土壤中带走的养分就越多，因此应补充足够的营养，帮助草坪健康生长。

有机肥气味难闻，不宜用在小庭院草坪上，通常选择长效复合肥（氮、磷复合肥）。施肥后要及时浇水，使肥料充分溶解，促进根系对养分的吸收。应注意不可对刚修剪的草坪施肥料，以免肥料对植物伤口造成伤害，影响草的健康生长。

不可对刚修剪的草坪施肥料，否则会影响草的健康生长

（3）浇水

当土壤干燥或阳光下的草坪出现萎蔫现象时，说明草坪缺水了。由于草坪根系较浅，所以浇水要及时、适量，浇水时间可选在一早一晚，太阳曝晒时不宜浇水。草坪最好的浇水方式是喷灌，小面积的庭院可以直接采取人工喷灌。春季草坪返青时要浇足返青水，入冬以前要浇足冻水。

浇水时间可以选择早晨或傍晚，水分蒸发损失小

（4）清除杂草

草坪生长初期也是杂草繁殖生长的季节，且杂草的繁殖力强，如果置之不理杂草可能比草坪生长得还要旺盛，应尽量在早期将杂草连根拔除。最好的方式是人工除草，化学除草剂容易导致草坪的死亡。

清除杂草应做到"除早、除小、除净"

4. 小庭院常见地被植物

草坪最佳替代植物

麦冬

形态特征 多年生常绿草本植物，植株矮小，叶子长 10 ~ 50 厘米，墨绿色，开淡蓝色小花，花期在 6 ~ 7 月。

生长习性 生长缓慢，喜疏松、湿润、排水良好的沙质土壤，需半阴到阴生环境。

观赏价值 四季常绿，常作草坪的替代植物，适合小面积种植在树下、石头旁。

养护要点 生性强健，管理简单；相对于草坪，麦冬不耐践踏；喜肥，约 2 个月施用 1 次有机肥。

开花不断、花期较长的地被植物

红花酢浆草

形态特征 多年生常绿草本植物，叶柄上有三片心形小叶，株高 10 ~ 35 厘米，开黄色、紫色、粉色小花，花期长达 5 个多月。

生长习性 喜温暖、湿润的环境，不耐寒，抗旱能力强，对土壤的适应性强。

观赏价值 叶子茂密，小花繁多，花色鲜艳，可作为草坪的替代植物。

养护要点 发芽早，落叶迟，栽培以初春、秋末为宜；生长期每月施 1 次有机肥；易受红蜘蛛危害，注意防治病虫害。

养护简单、耐寒性好的屋顶绿化植物

佛甲草

形态特征 多年生常绿草本植物，株高 10 ~ 20 厘米，叶线形，花黄色，花期在 4 ~ 6 月。

生长习性 生存能力强，喜光、耐寒、耐旱、耐盐碱，不择土壤，贫瘠的土地也可以正常生长。

观赏价值 一年四季郁郁葱葱，常用作屋顶绿化，可起到很好的隔热作用。

养护要点 管理简单、粗放，剪一段茎插到土里即可生长；基本无病虫害，不需要进行特殊的防治工作。

颜色翠绿的优良观赏性地被植物

马蹄金

形态特征 多年生常绿小草本植物，又名小金钱草；叶片密集，呈马蹄状；株高 3 ~ 6 厘米，匍匐在地面上。

生长习性 适应性强，喜温暖、湿润的环境，对土壤的要求不严，不耐寒，耐轻微践踏。

观赏价值 植株低矮，叶色翠绿，对土壤遮盖密实，常作为地被绿化材料。

养护要点 以播种为主；管理粗放，无须修剪；适量追施氮肥；抗病能力强，但夏季易感染白绢病。

第 2 章

———

小庭院设计实例

01

现代简约

银都名墅

让家人欢度时光
的简约风庭院

所在城市：上海
设计单位：上海无尽夏景观设计事务所
施工单位：上海无尽夏景观设计事务所

园主素爱干净、简洁，对简约风庭院情有独钟。花园景观的呈现很大程度上是园主脾性与品位的体现。与多数追求层次丰富的花境"种植派"不同，她希望自己的花园少一些花花草草，以乔灌木为主，植物搭配做到最简，一片干净的铺地、一处潺潺的流水，简简单单、清清爽爽就可以。

花园小巧精致，东侧是狭长的过道，南侧为主景区，内部存在一定的高差。在充分了解园主的需求之后，设计师将整体设计风格定位为现代简约风，主色调定为深灰色和暖咖色，以现代设计手法打造绿茵空间，让园主归家后逃离城市快节奏的生活方式，放松身心、畅享自然。

颇有设计感的花园入口

入口的设计非常关键，能够奠定入户的基调。步入花园，首先映入眼帘的是四级台阶，主色调选用了沉静的黑色。傍晚，暖黄色的灯带映衬着深色地面，温馨之感氤氲开来，为归家的人带来好心情。

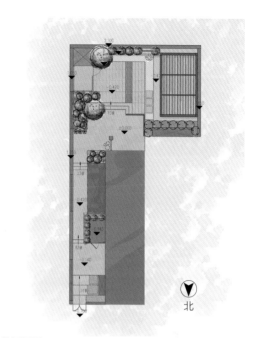

北

总平面图

基本信息

花园面积：135 平方米

主设计师：吴倩倩

特色材质：灰木纹铝条、火山岩颗粒、马赛克、锈板雕刻

特色植物：白子莲、胎生狗脊蕨、绣球花、鸢尾、凤尾兰

1 砾石中巧妙放置古朴的造景灯。

2 深色的铺地与黑色铁艺大门、围栏在色调上保持统一。

1 台阶下统一布置暖黄色灯带，保证夜晚行走的安全性。

2 狭长的过道处种植对光线要求不高的绣球花。

3 小径末端是园主爱犬的小窝，藏在植物丛中以免突兀。

4 花坛侧边特别增加了小水栓，方便园主清理犬舍。

兼具功能性和审美性的花园主景区

　　沿着侧院的小路，缓步向前，来到花园主景区，此处视野豁然开朗，作为视觉焦点的水景墙跃然于眼前。扩大出户区域，地面延续出户平台的铺装，一直延伸至对面的花坛，显得整体而大气。台阶踏面和水池中的汀步统一选择了米白色，与大面积深灰色形成对比，既是出于安全考虑，又使花园不显呆板。

　　南院的视觉焦点是木纹铝条背景墙和一汪水池。因园主强调原先的围墙贴面不能拆换，所以设计师采用锈板和木纹铝条相结合的方式，使墙面粗糙的质感变得细腻，搭配球类植物、耐阴蕨类、矾根等，营造静谧舒适的氛围。

藏在花园深处的休闲区

　　花园深处是户外廊架休闲区，简单摆放了一桌六椅，两侧是好友赠送的白色盆器，放在这里刚刚好。夜晚降临，园主经过一天的疲惫之后，坐在院子里听水声，欣赏自然景致，十分惬意。

5　一汪水池是花园的点睛之笔，水从墙面缓缓流出，给充满硬线条的花园带来些许灵动。

6　锈板和植物相融合，在冷与暖、粗糙与细腻的对比中丰富视觉感受。

7　休闲区两侧白色的盆器格外显眼。

选种易于养护的花园植物

　　花园的植物配置以常绿球类、耐阴蕨类，以及绣球花、百子莲等为主，这些植物不过分艳丽，易于与花园整体风格搭配。此外，园中的植物对环境的要求不高，园主后期也无须花费太多的时间进行浇灌、除虫，稍加打理便能达到不错的效果。

1　花池后面是锈板和木纹转印铝管相结合的背景墙。

2　树坑中铺设火山岩颗粒，可有效减少花园的尘土。

3　摇曳的水生植物为水池增添了灵动感。

4 傍晚,灯光照射出植物的轮廓,呈现出与白天不同的景象。

5 自然光与夜晚的灯光相互交替,给予花园变幻的光影。

02 现代简约

汤臣湖庭花园

既注重功能性又有设计感的现代庭院

所在城市：上海
设计单位：上海苑筑景观设计有限公司
施工单位：上海苑筑景观设计有限公司

园主是一对务实的年轻夫妻，他们希望花园在充满简约时尚感的同时，还具备实用性，且构筑物要与建筑外立面相协调，让建筑融于花园。在沟通和现场勘察后，设计师对建筑的形式、空间关系以及周边环境有了深入了解，确立以简约的大线条与镶嵌体块来进行布局，并通过材质、体量、质感等来划分空间，再辅以灯光设计，烘托出温馨的花园氛围。

花园总面积220平方米，秉承"简约于形，惬意于心，回归生活本真"的理念，设计师将空间划分为三部分：北院开放式停车空间、东院过道和南院私密休闲空间。各空间既相互独立又彼此衔接，风格上与建筑立面相统一，材质上注重素净简约，在细节精致与质感粗犷中寻求平衡。

充满造型感的北院停车空间

北院停车区是花园的"脸面"，地面材质是极具现代感的打磨刷漆清水泥和石粒散铺，为了避免设计上的单调感，特别镶嵌黑色砾石和灯带。右侧陈设的花园小品——发光兔子凳、组合盆栽——为北院增添趣味性和绿意。

基本信息

花园面积：220平方米
主设计师：张健、伍琨
特色材质：清水泥地坪、耐候钢板、石英石、真石漆、黑色砾石
特色植物：晚樱、绣球花、油橄榄、蜡梅、萱草、深蓝鼠尾草

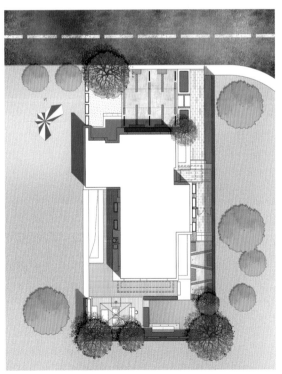

总平面图

1 铝合金格栅既保证了花园的私密性，又赋予空间层次感。

2 地面铺装与灯带相结合的设计充满现代感。

精致又简约的南院秘密花园

走过狭长的东院，便来到了南院"秘密花园"，此处由平台休闲区和草坪种植区两部分组成。设计师保留出户原有的铺装，衔接新建木平台与台阶"消化"原有铺装平台的高差，并结合建筑外立面风格，在充分考量各方面的因素后，增加了与建筑相协调的雨棚，为客厅玻璃门提供避雨保护。

设计师使用不占空间的木围墙分割与邻居的院子，并将木围墙与种植池结合，以自然绿意围合休闲空间。花坛与固定座椅相结合的形式，强化了空间的容纳能力。在客厅对景巧妙设计一面月洞墙，月洞墙与户外吧台相结合，其后以绿竹为背景，成功打造出南院的视觉焦点，也为园主提供了更为有趣的花园体验方式。

1 东院过道尽头设置耐候钢板屏风，分隔空间的同时，也丰富了景观效果。

2 休闲区和草坪种植区以不同的地面铺装进行软性分隔。

3 南院全景，月洞墙与吧台相结合的形式赋予空间层次感。

4 南院种植区，地面铺设易于打理的仿真草坪。

5 精致的休闲区，户外家具统一选用白色，空间散发着简约的魅力。

6 花坛与固定座椅相结合，充分利用空间的同时延伸视觉观感。

迷人的庭院夜景和细节展示

每当夜幕降临，花园才到了真正动人的时刻，正所谓"暗"里为之着迷。在耐候钢板屏风的上下，设计师做了光源处理，使之呈现若隐若现的效果；木围墙上增加竖向灰色格栅，配合着灯光，增强视觉纵深感。东院过道处，利用竹子进行围合，辅以灯饰，塑造光影婆娑的效果，让温馨、浪漫的氛围弥漫于整个花园。

在花园的细节处理上，耐候钢板的锈蚀形态和三岳流水小品的自然形态相呼应，成为花园独特的视觉焦点。随着时光的流逝，软装小品之间会呈现出独特的色彩和质感，为花园增添意想不到的魅力。

"花园看上去很美，闻上去很香，摸上去很有质感，但要真正实现它，或者逆向解构它，就会发现设计上的一点一滴、现场的一砖一瓦，其背后都是严谨的逻辑思维和理性的工艺技术在支撑。"设计师如是说。

1 巧妙布置光源，让花园的夜景更加迷人。

2 东院过道与南院形成一定的明暗对比关系。

3 东院过道，柔和的低照度光线勾勒出竹子的轮廓。

4 棒棒糖形油橄榄的造景效果极佳。

5 在保证花园四季常绿前提下，设计师希望植物带给园主不同的感受。

6 耐候钢板的锈蚀形态和三岳流水小品相呼应，为花园增添艺术魅力。

7 色彩丰富的绣球花十分养眼，丰富了花园的色彩美学。

03 现代简约

银都名墅

被高大树木环绕的
林中花园

所在城市：上海
设计单位：上海无尽夏景观设计事务所
施工单位：上海无尽夏景观设计事务所

别墅坐落在小区深处的溪水边，旁边是高大的树木，整个环境静谧、舒适。花园大体呈 L 形，分别在南侧、西侧环绕着建筑，设计师将采光较好的南院布置为主要活动区；北侧因采光受限，以观赏性景观为主，打造禅意小景区和草坪区。南侧承载着"动"，北侧负责着"静"，南北两院功能分区明确，花园和建筑相得益彰。

为了解决花园的采光问题，设计师移除了院子里原有的大部分乔木，让花园变得更加敞亮。花园主色调为灰色、白色和原木色。设计师运用最简约的设计手法，赋予空间无限的想象力，为园主打造精致的花园生活。

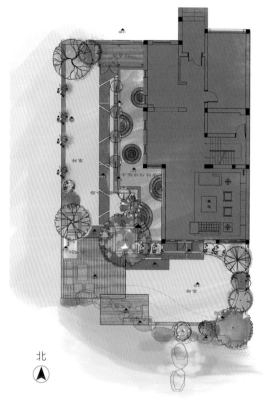

北

总平面图

基本信息

花园面积：150 平方米

主设计师：姚婷

特色材质：灰色水磨石、大理石瓷砖、素水泥地坪、青砖、砾石、泰山石

特色植物：圆锥绣球、胎生狗脊蕨、穗花牡荆、芦苇

俯瞰南院，是一番令人喜悦的绿色风景，吧台顺应地势，呈弧形

南侧花园主景区

　　花园主要活动空间在南面溪水边的平台，平台又分为临水吧台区和沙发休闲区。木色的甲板使整个花园空间都温柔了许多，坐在吧台看向潺潺的溪水、自然生长的植物，天地间仿佛只剩自己。吧台区旁边是沙发休闲区，陈设简约风格户外家具，沙发旁专门布置了大理石小水景，水幕灵动活泼，水生植物摇曳其中，营造出山泉"叮咚"的意境。

1　平台休闲区重点布置灯光，背景墙上错落布置 6 盏壁灯，以保证亮度。

2　沙发一侧是白色大理石小水景。

3　俯瞰下沉小景区，通过高差的设置，面积不大的花园显得很有层次感。

4　花池中预埋射灯，巧妙勾勒出植物的轮廓。

5　从休闲区到设备房之间铺设梯形、菱形灰色水磨石小径。

6　俯瞰平台休闲区，背景墙上错落设置 6 盏壁灯。

用青砖与沙砾打造的日式下沉小景区

沿着水磨石小径往前走，在建筑西墙下方设计师用青砖和砾石打造了一处半下沉日式禅意空间。灰色的砾石像水面一样铺散开来，上面错落摆放五颗泰山置石，再用小青砖围成一圈圈"水纹"。"一沙一世界"，园主希望家中能有这样一处让人忘却世俗烦恼的禅意景观，这便是花园意义之所在。

感受四时之美的植物配置

花园里的植物有落叶的，也有常绿的，设计师希望院子里的植物是富有变化的，让花园无论在哪个季节都能散发出自然的生命力。因此在植物配置上，设计师不刻意回避花的凋零、树的枯萎，丰富多样的乔灌草以及常绿、落叶相结合的植物搭配，不仅更生态，也能呈现自然最本真的变化。

1 傍晚的下沉小景区，灯光开启后是另一种氛围。

2、3 沙砾中的置石是画龙点睛般的存在，可单独成景。

4 禅意小景区与建筑外观相统一，青砖围成一圈圈"水纹"。

04

现代简约

中建大公馆

模拟起伏的山峦，
打造现代中式庭院

所在城市：上海
设计单位：上海东町景观设计工程有限公司
施工单位：上海东町景观设计工程有限公司

园主是一对中年夫妻，家中三代同堂，因父母偏爱中国传统文化，多次沟通后，设计师在现代风格的基础上融入了时下流行的新中式元素。

花园约70平方米，改造前存在诸多不合理之处，如植物配置杂乱、整体设计感不强等。设计师凭借多年的景观设计经验，从小型水景、植物配置、户外家具等方面入手，强调花园的功能性和景观性。重整格局后，花园分为四个区域：入户区、小型水景区、廊架休闲区和植物造景区。合理的分区带来了极具层次感的视觉体验，无形中放大了小花园的视觉面积。

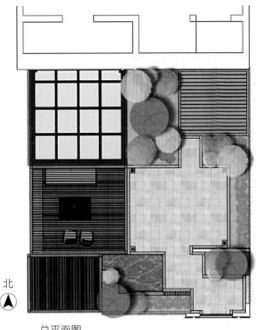

北

总平面图

基本信息

花园面积：70平方米

主设计师：马克·朱

特色材质：防腐木平台、木纹铝围栏、黑花岗石、木格栅

特色植物：鸡爪槭、马蹄莲、柚子树、玉兰、矾根

入户区、小型水景区、廊架休闲区井然有序

入口处的照壁墙衬出新中式氛围

　　庭院设计亮点是入户处的照壁墙，采用中式障景的设计手法，将景藏于其后，起到视觉缓冲的作用，并以起伏的山峦为造型，增添古韵。此外，设计师还结合绿植来打造山石景墙，绿植与白色砖墙相搭配，将新中式的意趣呈现出来。

1 用来冲洗的石钵造型独特，高低错落的植物和花草凸显花境的层次感。

2 水景不大，池底铺贴青绿色瓷砖，池边种植亲水植物，整个空间十分自然。

3 入户通铺黑色花岗石，彰显现代气息；一汪水池给花园带来灵动感。

4 镂空廊架透出背后的婆娑树影。

5 水景旁是廊架休闲区，简单摆放一张桌子、几把椅子，听水声、聊人生，十分惬意。

充满幻想的夜景为庭院增色不少

灯光设计是调节氛围、美化环境的重要手段，恰到好处的照明设计既能保证家人晚上活动时的安全性，也为夜晚的花园增添些许浪漫和神秘。设计师综合使用了壁灯、吊灯、草坪地灯、水景灯以及投射灯，打造立体式照明。夜幕降临，一家人可以聚集在庭院里欣赏夜景，亦可约上三五好友，畅谈人生。

1 灯光下的入户背景墙，植物的光影投射其上，别有韵味。

2 水景中暗藏灯带，配合流动的水，形成流动的景致。

3 庭院傍晚照明全景，综合使用了壁灯、水景灯带、射灯。

4 从建筑出户位置看廊架休闲区,园主说"一盏盏灯光不仅照亮了院子,更照亮了我们的理想生活"。

5 对称布局的院门口,搭配壁灯和地灯,塑造静谧的氛围。

05 现代简约

共享花园

两家人的共享空间，
充满大家庭的温馨感

所在城市：杭州
设计单位：上海苑筑景观设计有限公司
施工单位：上海苑筑景观设计有限公司

花园的特别之处在于为两家人共建，功能上需要同时满足两家人的需求。经过和园主的沟通，设计师了解到未来房子会是三代人同住，园主在设计上也能接受一些时尚的元素，因此将整体风格定位为现代简约风格，并融入一些较前卫、酷炫的设计元素。因是两家人共建，合并后的花园拥有其他单户花园所没有的面宽和空间，这给设计师规划功能区提供了更多机会。功能上，花园由北侧入户铺装区和南侧休闲区组成。

酷炫的入院造型门和北院嵌草铺装区

入户大门造型简洁，选材却十分考究，镂空的铝合金门与实墙形成虚实对比，粗犷的墙石与细腻的真石漆形成质感对比，且不同材质在色彩上相互碰撞，带给人时尚的观感。

推开院门首先映入眼帘的是雕刻耐候钢景墙，耐候钢自然锈蚀面的暖色调与院门的墙石色调相统一。地面为嵌草铺装，在灰色、黑色大理石瓷砖中嵌入草坪，带给归家的人自然感。

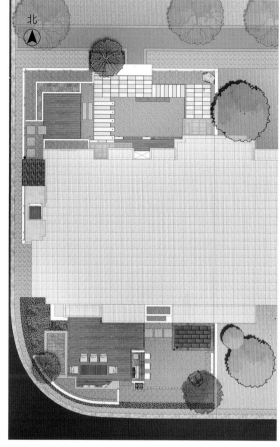

总平面图

基本信息

花园面积：180 平方米
主设计师：张健、伍琨
特色材质：防腐木、野山石墙贴、真石漆
特色植物：羽毛枫、绣球花、火星花、小丑火棘、蓝雪花、墨西哥鼠尾草

1 白墙上的雕刻耐候钢板是入户第一视觉焦点。

2 入户左侧打造了一个小型花境。

简约时尚的南院休闲区

南院休闲区是两家人的主要活动空间，设有供孩子玩耍的草坪活动区、户外就餐区以及水景区。在户外就餐区，设计师将花坛与坐凳融为一体，充分利用小庭院的每一寸空间，方便更多的人就座，同时得到一个被绿植围合的区域。就餐区旁的跌水景观亲水性极佳，在清澈的水流衬托下，植物显得更加翠绿。傍晚时分，两家人在一起聊天、喂鱼，孩子们在身边玩耍、嬉戏，其乐融融。

1　就餐区全景，花坛与坐凳融为一体，最大化利用每一寸空间。

2　跌水景的吐水口特意做宽，形成水幕，就餐时可以听到潺潺水声。

3　水景区旁的花池中植了一株羽毛枫。

4　憨态可掬的鸭子摆件无论放置在哪个角落都十分可爱。

5　休闲区摆放着老少皆宜的吊床，一旁种植着火星花，丰富了空间层次感。

6　就餐区旁打造的简约吧台，充满现代感。

06 现代简约

鲁能小马花园

拥有古朴碎拼石板小路的简约风庭院

所在城市：北京
设计单位：北京和平之礼景观设计事务所
施工单位：北京和平之礼景观设计事务所

园主是一对年轻夫妇，热爱花园生活，喜欢简洁、现代的设计风格。花园西侧临街，男主人特别强调要保证花园有良好的私密性。设计师着重从功能分区和植物搭配两个角度出发，为园主量身定制了这个简约风庭院。

以硬质铺装为主的北侧入口区

花园西侧为过渡空间，横向较窄、纵深较长，由碎石板铺就而成，灰色木格栅围栏既可以攀爬月季，又能起到遮挡内外视线的作用。

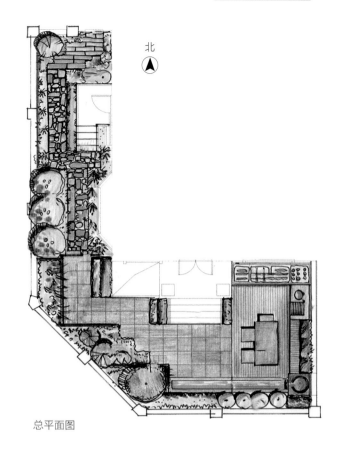

北

总平面图

基本信息	
花园面积： 102 平方米	
主设计师： 和平之礼设计团队	
特色材质： 耐候钢板、砾石、花岗岩、木围栏	
特色植物： 西府海棠、金边麦冬、绣球花、木绣球、散尾葵、五角枫	

俯瞰西侧碎拼石板小路

铺装细节，不规则石板间嵌入砾石

南院是花园的核心活动区

　　南院是花园的主体部分，充满现代感的耐候钢板屏风为主景观区的视觉焦点。设计师运用同样的材质做挡土墙，将花池抬高，丰富空间层次，也便于园主日后打理。规则式木平台是休闲区，此处配置有可供烧烤的操作台和方便老人种菜的木箱。座椅旁是花岗岩跌水景观，潺潺的流水为花园带来灵动感。

以四季常绿、三季有花为原则选配植物

　　设计师侧重于选择可供全年观赏且易于管理和维护的植物品种，以本地观花、观叶乔灌木和宿根花草为主，叶、花、果等各异的形状和丰富的色彩使花园更有活力。

1　耐候钢板隔断墙为庭院创造了视觉焦点。

2　座椅背靠绿竹背景墙，弱化硬质景观与邻居之间院墙的生硬之感。

3　利用原始地形的高差，打造跌水景观，带活空间氛围。

4　水景旁种植了木绣球。

5　角落里种植耐阴的玉簪和金边麦冬。

6　沿西侧墙体阵列式种植几株丛生五角枫，以保证花园的私密性。

07 禅意风

金新滟澜湖
让人心灵安静下来的
现代禅意下沉庭院

所在城市：常州
设计单位：上海无尽夏景观设计事务所
施工单位：上海无尽夏景观设计事务所

花园分地面花园和下沉花园。地面花园主色调为白色、灰色、原木色，干净简约；下沉花园主色调为灰色、黑色、原木色，沉稳质朴，整体设计和谐统一。地面花园强调轻奢感，从客厅推门而出，首先踏上柚木铺地，随后映入眼帘的是层次丰富的水景。

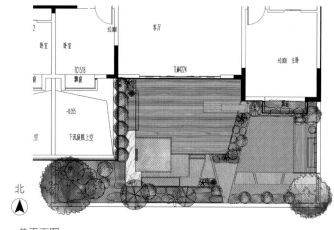

北

总平面图

基本信息

花园面积：100 平方米
主设计师：吴倩倩
特色材质：花岗岩、砾石、柚木地板、钢板
特色植物：枫树、胎生狗脊蕨、木贼、苔藓、鼠尾草

大理石水景墙为下沉区制造视觉焦点

下沉花园由水景区和茶室组成。水景墙的大理石纹理如同阳光正好之时投射下的斑驳光影，池水沿着石板缓缓落下，远远看去仿佛凝固了的时光。

池水沿着石板缓缓流淌，水面上的灯光倒影使庭院的夜色显得更加柔美

禅意茶室和植物配置

　　地下茶室延续禅意风，墙面上是钢板雕刻的山形，暖黄色灯光在"山"的周围晕染开来，禅意十足；简单陈设一桌、两木凳，园主可以在这里休憩、饮茶，足不出户享受度假般的惬意。

　　植物的配置上，贴合下沉空间的独特属性，以常绿、耐阴植物为主，如蕨类、苔藓、观赏草等，绿色叶片对庭院整体具有提亮效果。

1　钢板雕刻的山形是茶室的设计亮
点，钢板内置 LED 发光带。

2　地面大理石水景区，吐水口特意
做宽，形成水幕。

3　下沉区全景，点亮灯光，镂空的
大理石水景墙更显禅意。

4　从地下茶室看室内。

5　原木树墩和铁艺茶几古朴自然，
与背后的山形钢板相得益彰。

08

禅意风

溪上玫瑰园

引领诗意生活的
新中式庭院

所在城市：杭州
设计单位：杭州草月流建筑景观设计有限公司
施工单位：杭州草月流建筑景观设计有限公司

花园面积不足 100 平方米，设计师以园路为引线串联起了植物岛、水景区和廊架休闲区。错落有致的植物搭配和特色花境，丰富了花园的空间感，让人行走在汀步间移步易景，感受不同景观带来的别样体验。

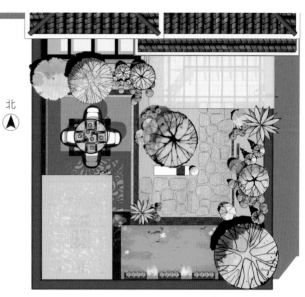

北

基本信息

花园面积：90 平方米

主设计师：潘艺

特色材质：耐候钢板、泰山石、砾石、苔石

特色植物：罗汉松、染井吉野樱、矮婆鹃、
福禄考、迷迭香

总平面图

以园路为引线串联起植物岛、水景区和休闲区

耐候钢板水景墙奠定新中式风格

出户是一条由草坪和自然石组成的曲线汀步，视觉焦点落在对面的耐候钢板水景墙上，钢板上雕刻有远山飞鸟图，彰显新中式禅意。水景右侧是铁艺廊架休闲区，此处的风格、配色与花园和谐统一。

在植物的选配上，设计师将开花季节不同的植物巧妙搭配在一起，并注重选用一些花期较长的宿根植物，让小院四季花开不断。

1　新中式水景墙，水池旁种植亲水木贼。

2　出户平台与自然石汀步自然衔接，为庭院路增添趣味性。

3　汀步的尽头是户外休闲区，周围绿植环绕，流水潺潺。

4　铺装细节，出户区砾石园路和草坪过渡自然。

5　植物岛上的造型黑松被苔藓、草坪草和宿根植物包围着。

6　靠近东墙的种植区，很好地衔接了植物岛和出户平台。

中信森林湖

09 禅意风

闹中取静的日式
枯山水禅意庭院

所在城市：青岛
设计单位：青岛元舍造园景观有限公司
施工单位：青岛禾峰装饰工程有限公司

花园位于青岛胶州市，面朝湖泊，环境宜人。园主对简洁、质朴的日式庭园情有独钟，设计师将院子定位为观赏性日式庭院，突出禅意，将竹子、沙砾、自然石、微地形和石钵作为主要元素，贯穿整个方案。

花园面积不足 200 平方米，四面环抱着建筑，布局较分散。东西两侧是狭长的甬道，在细致分析各区域的特点之后，设计师重点打造了三大功能区：南院入户枯山水小景、东西两侧游路观赏区和北院休闲区。

南院入户区引入枯山水

秉承回归自然的设计理念，设计师采用以小见大的手法，通过模仿丛林、小溪的自然形态来表现空间的幽静。改造前，原始建筑外墙给人空荡之感，设计师以日式竹篱来弱化，采用前高后底的设计手法表现空间的景深。在溪流源头摆放置石，用枯山水蜿蜒的地形来表现自然界河流的规律。园主驻足在家门口就能感受到大自然的美妙。

基本信息

花园面积：190 平方米

主设计师：周坤

特色材质：野山石、枕木、黄木纹文化石、竹篱笆

特色植物：南天竹、矮麦冬、毛杜鹃、紫藤、青苔

1 南院枯山水全景，建筑外墙边设置高低错落的日式竹篱。

2 南院一角，竹子掩映着置石，更显禅韵。

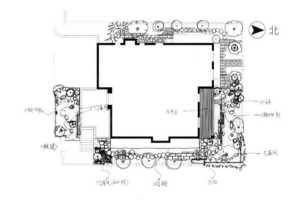

总平面图

北院休闲景观区

入院穿过台阶，转身对景，竹排屏风在青竹的点缀下显得幽静洒脱。顺着石块汀步前行，转角便是北院休闲观景区。出户挑廊下以木平台作为过渡，古朴的山石汀步、沧桑的老石条与鹅卵石穿过"沙海"，自然的水钵、绿植点缀其中。精挑细选的置石以不同的表情展现着自身的魅力，独立亦可成景。

花园的植物配置

日式庭院对植物层次的要求较高。在植物配置上，花园中层植物以枫树、竹子为主；考虑东西两侧和北院光照条件有限，这里的植物以地被植物（苔藓）和耐阴绿植（玉簪、绣球花）为主。

1 爬满植物的造型屏风不仅营造了私密空间，也是炎炎夏日的休闲角。

2 北侧出户设计木平台，延伸了室内空间，也更亲近自然。

3 北院出户前，老石板和自然石拼合的不规则园路铺于砾石中。

4 打造枯山水微地形，对地貌进行重塑。

5 竹筒流水小景是北院的主景观焦点。

6 砾石与苔藓边缘以相互嵌合的黑色瓦片进行区隔。

10 禅意风

静园

灵隐寺边上的日式
禅意庭院

所在城市：杭州
设计单位：杭州草月流建筑景观设计有限公司
施工单位：杭州草月流建筑景观设计有限公司

花园位于杭州灵隐寺旁边，园主是日本小原流花道杭州支部的静香老师，时常在花园中举办一些花道活动，因此希望设计师能为其打造一个充满禅意的庭院，同时为花道爱好者打造一片净土。设计师考虑园主需求，配合场地环境及氛围，设计中侧重于禅意景观的营造以及植物的搭配。

花园小巧而精致，契合了日式景观对面积要求不高的特点。花园呈不规则形，围合感强，三面均以植物造景为主，白墙黛瓦，茂林修竹，小院给人清幽之感。

入户竹木门头为花园增添山野气息

为了与外墙竹篱笆相协调，入户门采用了低矮的竹篱笆。两侧高高的竹木门头造型别致，充满古韵，为花园增添了山野气息，也在入口奠定了禅静的格调。

基本信息

花园面积：92 平方米
主设计师：郭云鹏
特色材质：防腐木平台、白砂、竹篱笆、老石板
特色植物：山杜鹃、金镶玉竹、麻叶绣线菊、棕竹、景天

1 入户右侧是一组白砂、绿植小景。
2 古朴的入户门带给人穿越感，园内外仿佛是两个不同的世界。

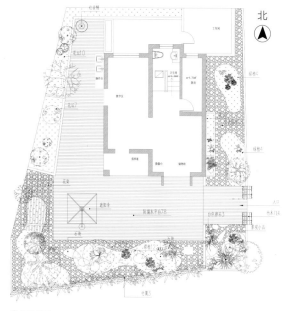

入户左侧的主禅意景观区

入户左侧是设计师重点打造的一处景观，设计师认为日式禅意景观的精妙之处在于小巧而精致、抽象而深邃。植物、置石、水体散布其中，层次清晰，以极少的构成要素达到深刻的意蕴之效。此外，日式景观对植物层次的要求很高，可以没有花，但不能没有草和木，景天、棕竹、玉簪点缀在特色景石之间。蹲踞位于景观的视觉中心，篱笆附近的金镶玉竹美化环境的同时，还能保护园内隐私，起到分隔空间的作用。

总平面图

1　从园外看入户门，与建筑白色立面相融合。

2　雨后的竹木门头，很容易让人联想到王维的"空山新雨后"。

3　出户设计为防腐木休闲平台，方便园主在此举办各种花道活动。

4　蹲踞是日式庭院中必不可少的景观小品，置于此处起到画龙点睛的作用。

5　置石中的一组景天。

6　鹅卵石、蹲踞、绿植、竹围组成的隐秘空间，雨后更显日式庭院的魅力。

晓梦园

11
禅意风

利用枯山水进行造景的日式混搭庭院

所在城市：合肥
设计单位：北京和平之礼景观设计事务所
施工单位：北京和平之礼景观设计事务所

茶台对景，地势微微隆起，鸡爪槭、石灯、几块置石构成视觉焦点

花园主体建筑风格为英伦风，园主家有五口人，三代同堂而居，夫妻二人是禅意花园的爱好者，但家中的老人和孩子却对其难以认同。经过几番修改和调整，设计师减少了禅意景观的面积，适当加入英式花境，充分照顾各方需求，打造了一个日式禅意与英式花境相融合的混搭庭院。

花园呈 L 形，根据地形设计师将花园分为入户区、茶台禅坐区、廊亭休闲区及西北侧的"园中园"（以菜圃和儿童娱乐区为主）。

茶台禅坐区

入户，绕过屏风，便能看到建筑入口，沿着石板路前行，来到茶台禅坐区。木平台与建筑出入口相连，茶台对面以石组、石灯和鸡爪槭为景，地势隆起，形成小山丘。鸡爪槭后方植灌木，自然形成一面绿色背景墙，巧妙遮挡了英式围栏。

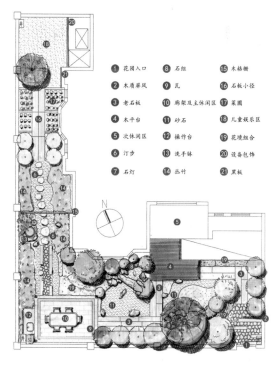

① 花园入口　⑧ 石组　　⑮ 木格栅
② 木质屏风　⑨ 瓦　　　⑯ 石板小径
③ 老石板　　⑩ 廊架及主休闲区　⑰ 菜圃
④ 木平台　　⑪ 砂石　　⑱ 儿童娱乐区
⑤ 次休闲区　⑫ 操作台　⑲ 花境组合
⑥ 汀步　　　⑬ 洗手钵　⑳ 设备包饰
⑦ 石灯　　　⑭ 丛竹　　㉑ 黑板

总平面图

花园南侧的枯山水石组和廊亭休闲区

从茶台下来，沿老石板汀步前行，一旁是枯山水石组。石桥架于两岛之间，将东西两侧的"溪水"连起，增强了两侧景观的互动性。廊亭被竹林环抱，隐匿在花园西南角，亭内配备有操作台，方便家人使用。从亭内望向东北角，叠石摆放错落有致，形成连绵的山谷。

园中园区

打开竹格栅园门，穿过竹林，便是菜圃所在地，再往前走就是小朋友的世界了，一方沙池内可供3～4名小朋友玩耍。

基本信息

花园面积：134 平方米
主设计师：和平之礼设计团队
特色材质：老石板、碎石、木屏风、竹格栅
特色植物：鸡爪槭、肾蕨、火星花、矾根、苔藓

1　白砂、枯石组成的枯山水景观。

2　老石板汀步中间预留杂草生长的空间。

3　园路尽头是廊亭，白砂、置石与植物凸显层次感。

4　植物配置以少而精为原则，注重姿态及品种的选择。

5　洗手钵相对廊亭而设，流水潺潺。

6　园中园前的竹格栅，两侧种植细竹，形成竹林景观。

7　不规则的老石板与两侧的碎拼小石搭配出自然野趣。

月心亭

巧用月洞门廊架打造
新中式禅意庭院

所在城市：沈阳
设计单位：沈阳森波园林工程有限公司
施工单位：沈阳森波园林工程有限公司

北

总平面图

花园基本呈长方形，面积不足 150 平方米。在与园主的沟通中，设计师了解到花园是一个"半成品"，在此之前有过一次不成功的设计。为了节省成本，需在原设计的基础上进行改造，因此设计师保留了原有的铺装，将改造重点放在庭院软装和植物配置上。

基本信息	
花园面积：	140 平方米
主设计师：	甘净
特色材质：	板岩、砾石、鹅卵石、瓦片
特色植物：	海棠、木槿、黄杨、元宝枫

花园改造的两大亮点

亮点一，对入户门进行更精细的设计，使之与建筑风格相协调。亮点二，在花园中心位置设计新中式廊架，廊架采用简洁的竖向装饰线与月亮门洞相结合的形式，并与木座椅、花池形成整体景观，配置适当的植物，做到三季有花、四季有景。

1 从花园入口处看月洞门廊架。

2 廊架巧妙借景，其后是隐约可见的绿植，很好地烘托出禅意氛围。

3 廊架对面的砂石小景，鹅卵石摆成三只小脚丫，十分有趣。

13
自然风

芒种大叔的花园

来自老北京的
自然风庭院

所在城市：北京
设计单位：北京和平之礼景观设计事务所
施工单位：北京和平之礼景观设计事务所

宽敞、整洁的草坪区域是园主最引以为豪的地方

园主芒种大叔是一位老北京人，花园为改造项目，改造前园中种植了大量乔木，设置有水景、休闲区、木栅栏等庭院设施。设计师的改造灵感来源于"回归自然"，力求打造一座既契合园主生活需求，又不失自然感的美丽花园。

根据园主的要求，设计师在原花园的基础上重新规划园路，添加亲水游憩区，并对原休闲区进行改造，丰富植物的种植层次。围绕着花园中央的大草坪，设计师打造了廊架休闲区、日式小景区、假山水景区以及多个大小不等的花境。

宽敞、整洁的 150 平方米大草坪

花园周围种了高大茂密的树木，具有较好的私密性。草坪面积达 150 平方米，非常开阔。虽然草坪的维护成本较高，但改造时园主特意强调保留这块区域，而且对草坪的高度、状态都有明确要求。沿着草坪旁的碎拼板岩小径前行，来到连接客厅的廊架休闲区，设计师对此处进行了扩建，加大就餐区，以满足园主喝茶、赏景的要求。

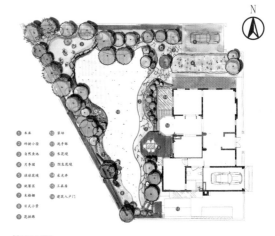

① 水系　⑩ 草坪
② 砾石小径　⑪ 洗手体
③ 自然泉池　⑫ 长花境
④ 月季园　⑬ 阴生花境
⑤ 垂珠花境　⑭ 采光井
⑥ 观景区　⑮ 工具房
⑦ 木桥栅　⑯ 建筑入户门
⑧ 日式小景
⑨ 花境集

总平面图

基本信息

花园面积：500 平方米

主设计师：和平之礼设计团队

特色材质：板岩、木栅栏、竹围栏、竹篱笆

特色植物：铁线莲、玉簪、绣球花、筋骨草、五针松

在自然式庭院中增添日式枯山水

在花园的西南侧设计师辟出一隅，打造了一个"园中园"——日式枯山水小景区。在高大的竹围栏背景下，白砂、三尊石组与松、竹、水钵共同组成禅意空间。即便不参禅，在廊架休闲区眺望枯山水小景，也能获取片刻的平静。

1 顺应花园的自然式风格，小径采用曲线设计，碎拼板岩步道勾勒出花境轮廓。

2 扩建后的廊架休闲区成为一家人最喜欢的区域。

3 草坪区被各种树木和花境环绕，到处是醉眼的绿。

4 以石为山，以沙为水，营造出东方禅境的空间氛围。

5 置石旁边是枝形舒展的枫树。

6 造型五针松旁是洗手钵和一处花境。

西北处"压住"院角的假山水景区

水景是花园的灵动之泉，原水景缺乏与人的互动，且视线焦点较弱。设计师在水景旁设置一小块休憩区，作为亲水平台；周边配置水生植物，丰富水景边的植物景观。

设计师颇费心力打造的多层次花境

植物配置是设计师改造的重点，在花园中设计了多处花境。通往廊架休闲区的小径一侧是球球组合花境，高层是修剪成球形的灌木，中层是荷包牡丹、大花葱、东方罂粟，最矮处是金边麦冬、反曲景天、水苏。这组花境层次最为丰富，此起彼伏的花期让花园四季都有景可赏。

车棚附近的松树底下，光线较差，遂被改造为阴生花境。设计师增加了蕨类、绣球花，混搭矾根调节色彩，让树下的小径变得幽静、美丽。日式小景区采用曲线长花境来连接，错落的花草搭配提供了丰富的视觉观感。

1　假山造型丰富了水景的立面空间。

2、3　池中种植亲水植物，荷花、睡莲、再力花、水生美人蕉，层次分明。

4　球球组合花境，从高到低是黄杨、冬青、荷包牡丹、大花葱、东方罂粟、金边麦冬等。

5　橙色的东方罂粟在绿丛中突显，丰富了配色。

6　乔木与灌木彼此衬托，宿根与植被交相辉映。

7　宽窄不一的园路如溪流般流淌在院中，串联起花园的各个节点。

14 自然风

大华伊斐墅
仿佛漫步在音乐中的
美式自然风庭院

所在城市：上海
设计单位：上海东町景观设计工程有限公司
施工单位：上海东町景观设计工程有限公司

花园面积约 300 平方米，适合打造功能性庭院。多次沟通后，设计师了解到园主青睐于美式自然氛围和现代风格花园，对花园有较高的审美要求和功能需求。例如，要有大面积的草坪，要有供孩子玩耍的趣味性空间以及会客休闲区等。

为了满足园主的需求，设计师对现场环境勘察后，做出了细致的分析和思考。利用有限的空间布局完备的功能区是设计的重点，最终将花园划分为：南侧出户休闲区、西南侧廊亭水景区、西侧植物造景区、北侧儿童树屋区以及大面积的草坪区。

出户就有好风景

从客厅出来就是一处休闲平台，木质背景墙搭配灰色系地面，时尚耐看，与白色、蓝色户外家具相结合，深浅色彩的搭配富有层次感，也不失简约美式的怀旧与贵气。

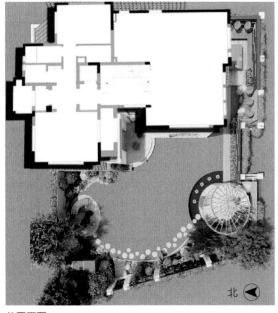

总平面图

1 休闲区配有操作台、户外烧烤装备，功能性十足。

2 蓝色户外座椅与蓝色音乐廊架在色彩上相呼应。

基本信息

花园面积：300 平方米

主设计师：马克·朱

特色材质：文化石、不锈钢烤漆镂空板、仿真草坪

特色植物：鸢尾、蓝冰柏、红枫、风车茉莉

蓝色休闲廊架彰显美式风情

    顺着休闲平台向远处眺望，一座色彩清新的蓝色廊架映入眼帘。廊架的创意灵感来源于新加坡"鸟笼酒店"，设计师特地在顶部做了绿叶形图案，以打破直线条带来的单调感，此处可以作为观景区、会友区，盛夏的傍晚亦可邀朋友在此举办一场音乐盛宴。廊亭外侧设计了弧形包围式水景，涌泉给整个花园带来灵动感。

充满童趣的儿童树屋

    设计师认为一处能让孩子和家长充分交流的娱乐空间会是孩子成长路上的"藏宝地"，因此着力打造花园中的第二个亮点——集安全、舒适、环保、趣味性于一体的儿童树屋。

    树屋为设计师原创，整体造型像一艘半敞篷式的船架在半空，寓意"承载孩子的梦想扬帆起航"。树屋四周梦幻的彩色有机玻璃，保证了孩子玩耍时的安全性，顶棚特别设计为弧形；树屋内部设有攀爬区、读书区，功能完备。

1　出户休闲区通往廊架的小道采用混凝土铺就，左侧布置花境植物，右侧是草坪。

2　蓝色廊架和弧形水景是花园设计的第一大亮点。

3　草坪中嵌有大小不一的圆形汀步，自然气息扑面而来。

4　彩色有机玻璃装点的树屋自带梦幻色彩。

5　树屋下方铺设仿真草坪，方便孩子光着脚丫踩在地上。

梦幻又迷人的花园夜景

花园夜间景观照明是设计师不容忽视的细节，需要兼顾基础使用功能和氛围提升作用。美式风情庭院除了重视自然野趣、休闲氛围外，灯光照明也十分考究。夜幕降临，灯光照明要与植物、水景以及建筑相映成趣。

在夜景处理上，设计师运用了壁灯、水景灯、草坪灯、内置 LED 灯带等，把夜晚的光照氛围烘托得十分到位。傍晚时分，灯光散发着不一样的韵味，温馨又富有诗意，让一家人在花园中尽享美好时光。

1　相比廊架区、树屋区的动，大面积的草坪区域则是观赏的静景，动与静之间相互平衡。

2　入夜，昏黄的灯光倒映在水面上，非常适合来一场音乐盛宴。

3　廊架顶部设计了绿叶形图案，打破了直线条带来的单调感。

4　灯光透过石云板，呈现出丰富的光影效果。

15
自然风

玺园

鲜花满园的新中式
自然风庭院

所在城市：济南
设计单位：青岛怡乐花园装饰工程有限公司
施工单位：青岛怡乐花园装饰工程有限公司

影壁墙在功能上起到阻隔视线的作用，使观者不能一览园中之景

基本信息

花园面积：340 平方米
主设计师：董颖慧
特色材质：耐候钢板、黄金麻花岗岩、雪浪石、莱姆石
特色植物：枫树、睡莲、龙沙宝石月季、红花檵木

园主是一对年轻夫妻，女主人喜欢具有生活情调和田园感的花园，而男主人则更希望花园带些中式氛围，禅意一些。设计师融合两人的需求，打造为充满田园风的新中式庭院。

花园环抱着建筑，呈C形，分南、西、北三部分。采光最好的南花园层次最为丰富，包括植物造景区、休闲区以及影壁墙后的水景区。西侧花园布置为弯曲的园路，两侧种植半日照植物。北花园因光照不足，适合作为操作区，布置了休闲凉亭、清洗区和小菜园。

南院入门处设置中式影壁墙

花园入口位于东南角，设计师对一些中式元素进行提取、简化，在入户处打造了一面中式影壁墙。影壁墙呈对称布局，铺贴黄金麻花岗岩，其上雕刻寓意吉祥如意的图案。影壁墙旁是一棵造型小叶女贞，打造为一处入院景观。

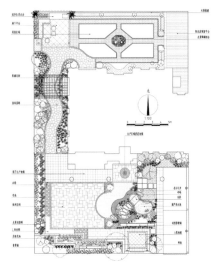

总平面图

南院以观赏性景观为主

转过影壁，来到南院，海棠树伸展着枝条，晃动的树荫下，庭院温暖的色彩铺陈开来。大面积运用罗曼米黄莱姆石作为铺装材质，浅米黄让院子更显温馨，立体种植池中植有各色花卉和灌木，映衬着由雪浪石组成的山景。大树和飞鸟样式的耐候钢镂空雕花图案形成了抽象的远景，其后是一排四季常绿的青竹，层层递进的景观展现出纵深的空间感。

影壁墙后方是禅意水景区，葫芦形小池中种有荷花、睡莲。嵌草中的老石板汀步、别致的小桥、古朴的石灯，为花园增添古朴的气息。

一路鲜花相伴的西院花境

西院铺设弯曲的小径，设计师运用花境来制造丰富的景观层次。搭配的植物包括背景植物小乔木日本红枫、垂丝海棠，爬藤植物凌霄、紫藤；中层是各种球类植物，如红花檵木、茶梅、龟甲冬青以及红色龙沙宝石月季；下层植物以各色小型月季为主，以及玉簪、鸢尾、矾根等花叶共赏和半喜阴植物，由上至下，打造丰富的视觉效果。

1　雪浪石山景和耐候钢镂空雕背景墙组成南院的视觉焦点。

2　地面为罗曼米黄莱姆石,沿花池布置的 L 形座椅极具功能性。

3　影壁墙后面是葫芦形水池组景区。

4　水池以大块圆形卵石围合。

5　西南侧墙旁布置有青砖种植池。

6　红色的欧月沿着西侧墙上的木格栅慢慢生长,日后这里将是一面美丽的花墙。

7　园路两旁布满鲜花,路中搭设紫藤花架,路尽头是北院休闲凉亭。

16 自然风

复地首府

四季皆有美景的
英式自然风庭院

所在城市：北京
设计单位：北京和平之礼景观设计事务所
施工单位：北京和平之礼景观设计事务所

东侧通廊的蓝色钢板花池与构筑物在色彩上相呼应

基本信息

花园面积：200 平方米

主设计师：和平之礼设计团队

特色材质：木格栅、碎石、蓝色钢板

特色植物：木绣球、云杉、鼠尾草、大花葱、玉簪

花园三面环绕建筑，根据地势特点，设计师将花园分为：北花园、东侧通廊、南院主花园和下沉花园。北花园紧邻园区道路，空间狭窄，设计师在北侧围墙搭建垂直花箱，丰富了立面空间，并起到遮挡视线的作用。

起衔接作用的东侧通廊

依园主要求，设计师保留东侧通廊原来的花架和花池，将红砖铺装统一为石材铺装。出口设置蓝色钢板花池，与建筑构筑物相呼应；花池后侧设置木格栅，其上设置隔板，供铁线莲攀爬。

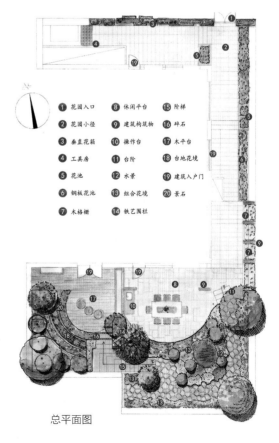

① 花园入口	⑧ 休闲平台	⑮ 阶梯
② 花园小径	⑨ 建筑构筑物	⑯ 碎石
③ 垂直花箱	⑩ 操作台	⑰ 木平台
④ 工具房	⑪ 台阶	⑱ 台地花境
⑤ 花池	⑫ 水景	⑲ 建筑入户门
⑥ 钢板花池	⑬ 组合花境	⑳ 景石
⑦ 木格栅	⑭ 铁艺围栏	

总平面图

南院主花园和下沉花园

　　南院主花园的休闲区紧挨着建筑出户位置，设计师将此处进行抬高处理，并配置简易操作台，方便园主日常使用。从休闲区下来，便来到了南院花境区和下沉花园。主题花境分布在休闲区周围，一汪水池隐藏在花境之中。从南花园过来，沿着台阶而下就进入了下沉花园，将植物围绕着台阶进行布置，让阶梯与景观相融。

1 抬高南院主花园的休闲平台，让观景视野变得更加开阔。

2 紫色的大葱花和鼠尾草充满自然活力。

3、4 常绿灌木下种植喜阴肾蕨、玉簪，搭配出层次分明的景致。

5 下沉花园入口，改造后，墙面粉刷白色涂料，以提亮色调。

6 俯瞰下沉花园，建筑出户位置铺设了圆形木平台。

7 围绕台阶布置台地花境，丰富植物的种植层次。

17 自然风

羽芮花园
抬高地势打造自然风
山水中庭花园

所在城市：北京
设计单位：北京和平之礼景观设计事务所
施工单位：北京和平之礼景观设计事务所

从室内看绿意盎然的中庭花园

本案是一家服装公司的办公花园，因四面建筑围合而形成中庭，建筑南侧和西侧有两个落地玻璃窗。花园整体位于地下室上方，覆土层为零，这对植物生长而言将是一个巨大的挑战。为了解决这一问题，设计师将种植区做地形抬高处理，形成山谷、山脊之势，砾石步道好似一条旱溪，再结合两处小水景，形成自然式庭院景观。

入户休闲凉亭和四个植物岛

作为办公花园需要承担一定的访客接待和活动举办功能，因此户外休闲区和游园路线的设置必不可少。设计师在花园西北角靠墙处打造了一处休闲凉亭，并抬高凉亭地基，保证观者在喝茶、闲聊时有较好的视野。

随现状观赏角度，设计师在园中分别设置了四个植物岛，岛上堆石，石旁错落种植各种观赏植物，砾石"旱溪"蜿蜒，形成自然流水之势。

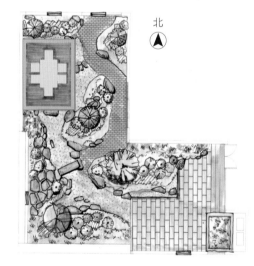

北

总平面图

基本信息

花园面积：150 平方米

主设计师：和平之礼设计团队

特色材质：老石板、竹篱、砾石、木格栅

特色植物：肾蕨、木绣球、花叶玉簪、瓜子黄杨

1 休闲凉亭做抬高处理，确保最佳观景视野。

2 观赏岛上设有水景，特别增加了喷雾效果，让人仿佛身处仙境之中。

3 砾石园路如同蜿蜒的旱溪，路中置一条老石板，取"小桥流水"之意。

特别致谢（排名不分先后）

上海沙纳景观设计有限公司

上海无尽夏景观设计事务所

上海东町景观设计工程有限公司

沈阳森波园林工程有限公司

北京和平之礼景观设计事务所

杭州草月流建筑景观设计有限公司

上海苑筑景观设计有限公司

青岛怡乐花园装饰工程有限公司

天津尚庭景观设计有限公司

青岛元舍造园景观有限公司（设计师）

图书在版编目（CIP）数据

超实用！小庭院景观设计 / 王立方编. — 南京：
江苏凤凰科学技术出版社，2020.7（2023.1重印）
ISBN 978-7-5713-1176-6

Ⅰ．①超… Ⅱ．①王… Ⅲ．①庭院－景观设计 Ⅳ．
①TU986.2

中国版本图书馆CIP数据核字(2020)第095908号

超实用！小庭院景观设计

编　　　者	王立方	
项 目 策 划	凤凰空间 / 庞　冬	
责 任 编 辑	赵　研　刘屹立	
特 约 编 辑	庞　冬	

出 版 发 行	江苏凤凰科学技术出版社
出版社地址	南京市湖南路1号A楼，邮编：210009
出版社网址	http://www.pspress.cn
总 经 销	天津凤凰空间文化传媒有限公司
总经销网址	http://www.ifengspace.cn
印　　　刷	雅迪云印（天津）科技有限公司

开　　　本	787 mm×1092 mm　1／16
印　　　张	8
字　　　数	128 000
版　　　次	2020年7月第1版
印　　　次	2023年1月第8次印刷

标 准 书 号	ISBN　978-7-5713-1176-6
定　　　价	49.80元

图书如有印装质量问题，可随时向销售部调换（电话：022-87893668）。